補充心理能量!

林萍芳

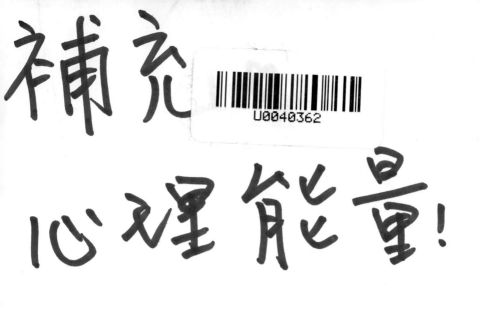

鍛鍊心理肌力

15項心理練習

擺脫那些職場與人際間的
控制、害怕、停滯、危機與焦慮

EXERCISING YOUR PSYCHOLOGICAL MUSCLE

15 Exercises to Help You Manage Control Issues, Fear, Stagnation, Crisis and Anxiety at the Workplace and in Your Relationship

林萃芬 著

《推薦序》

做好「當蘑菇」的準備，成為更有力量的自己

徐薇——徐薇文教機構創辦人暨負責人

主持《上班這黨事》讓我感到最有收獲的事，就是能認識許多不同領域的專家、學習不一樣的人生經驗與智慧，萃芬老師正是我最欽佩的專家之一。

有一次節目裡提到國外曾有對夫妻的婚姻關係面臨危機，那位先生看到有篇文章說想改善夫妻關係，可以每天問對方一句：「What can I do for you to make you happy today?（我今天能為你做什麼來讓你感到開心？）」，於是這個先生就問了他太太：「What can I do for you to make you happy today?」，他太太就擺一張臭臉說：「去洗衣服」，於是先生就去洗衣服；第二天先生問了同樣的問題：「What can I do for you to make you happy today?」，太太就說：「去除草」，於是先生就去除草；接著第三天、第四天、第五天……這位先生每

天問他太太同樣的問題，去做太太要他做的事，就這樣過了一段時間，太太的臭臉消失了，彼此之間的爭執也淡化了，夫妻倆的感情又漸漸變好了。

故事才說完，萃芬老師說這就是人際關係的「互饋性」，人的感情是互相回饋的，當你用某個面貌面對別人，對方就會回饋你同樣的東西。能洞悉事物本質，直接點出故事核心，讓大家馬上就能學起來，這就是萃芬老師厲害的地方。

多次錄影的過程中，萃芬老師對各種問題的分析與見解，總能讓人感受到真的是精確切中重點，而且她總是用同理的角度看待每個人不同的問題，為人量身打造提出建議，最重要的是都能直指每個人心中的盲點，不但讓現場來賓和觀眾長知識，連我自己都獲益良多。

也因為節目熟識的關係，私底下萃芬老師也常提供我許多生活上的建議。前年我去歐洲旅遊時，在西班牙聖家堂突然情緒崩潰的事上了新聞，有人說是恐慌症，也有人說是幽閉恐懼症。後來遇到萃芬老師，她就告訴我碰到那種情況該怎麼反應處理；所以去年我要去瑞士之前，就先向萃芬老師諮詢碰上類似情況的處理方式，她也提供我一些冥想法和準備簡易藥品的建議，果真到了瑞士後，不論坐高空纜車還是上到超高的阿爾卑斯山，都不再有恐慌發作的情形，也玩得很開心。

這次有機會為萃芬老師的新書《鍛鍊心理肌力》撰文推薦，真的令我感到十分榮幸。在面對不確定年代的生涯和職場，萃芬老師提出了在心理上如何做好準備、鍛鍊心理素質的方式，並為不同領域、不同年齡的工作者提出非常實用的建議。

像書中提到「現代人要做好『隨時成為接受糞水磨練的小蘑菇』的心理準備」，就讓我回想起初踏入南陽街補教業的日子。在那個大家都看扁你、不斷被人抹黑攻擊的時期，正是「當個接受糞水磨練的小蘑菇」這樣的心情陪伴我度過最艱難的日子；這些糞水後來都變成讓我成長的養分，也幫助我成為現在這個更堅強、更有力量與自信的自己，所以真的不需要害怕被當蘑菇、不受重視，做好「隨時當蘑菇」的心理準備，就能將所有的磨練轉化成寶貴的養分。

在這個充滿不確定感的時代，必須建立穩固的心理素質、讓心境也能擁有如運動員一般的肌力、讓自己不論面對什麼環境，都能隨時保有彈性並做好準備，相信萃芬老師的這本新書會是您絕佳的心理鍛鍊指南！

《推薦序》

低潮只是上帝試煉你的篇章

張泰山——棒球選手

二十多年的運動生涯，我見證過許多運動選手的起起落落，也包含我自己。如果要讓我評斷一個運動員的優劣，那我會說，一個成功的運動員一定有一個特性，那就是強韌的內在心理素質與擊不倒的自信。

常常會有年輕後輩來問我：「前輩，我要怎麼做才能像你一樣打出成績，然後穩定地生存在職棒圈？」我都會跟他們說：「用頭腦去打球。」運動員跟一般人其實沒有兩樣，最害怕的就是不去思考、用蠻力處理事情。

拿投球這件事情來說，我看過許多球速一百五十公里以上的投手，但是除了有好的球速，還要搭配好的腦袋，才能稱得上是一流的投手。從了解打擊者的習慣，到出手的角度以及球種的搭配，再到要進壘的角度，不是簡單地把球從手上用力投出去就可以解決打者，不經過思考的出手，只會被逮中你的投球習慣，進而一再被擊潰。

從思考到駕馭心智，我相信是每個人都需要學習的目標。先有信念，設定目標，只要相信自己，你就能夠開發自己的潛能，往目標邁進。網球球王喬科維奇曾說過：「我沒什麼戲法，只有信念。只要相信自己，你就會找到那個階段所需的精神動力。」

每個人都會面臨到低潮的時刻，運動員更是如此，當你是一個明星運動員的時候，那根本就是身陷地獄，各式各樣的酸言酸語跟質疑接踵而來。「這個選手不行了，根本沒在練球，值得給他這樣的薪水嗎？」─「我早就說過這個選手過氣了。」

當我看到這些言論，我總是告訴自己，我存在的意義不是為了回應這些跟自己毫無關係的旁觀者，而是為了自己的目標以及支持著我的人。如果我遭受挫敗，那我應該要為了這些支持著、相信著我的人而站起來，如果就這樣被這些跟自己毫無關係的旁觀者影響，而自怨自艾，那才真的會成為一個失敗者。

每一次的低潮跟打擊只是上帝在試煉你的篇章，所有對你的攻擊只是惡魔要逼迫你放棄的手段，他給了你一個藉口跟理由，讓你可以放棄你的目標跟理想。

在本書中，你可以學習到如何擁有強健的心理肌力，來面對更多生命中的偶發事件以及打擊與挫敗。

挑戰自己，享受生活，讀完本書後也幫自己設定一個生活目標，樂觀面對生命中的每一件事情，才會對自己的人生有所助益。

《推薦序》

比賽決勝的關鍵，就是心理技能

高志綱

——棒球選手

從小至今，我投入了相當長的時間在棒球訓練上，打了超過二十五年的棒球，而勝負的壓力，就一直如影隨形地伴著我成長。二十多年來，我始終努力精進著棒球技術上的突破，一路走來，球場上勝負壓力的調適及排解，在教練、學長們的經驗傳授，及不斷的自我摸索下，我著實發展出一套屬於自己的調適方式。

在大學時期，我曾接觸過運動心理學的課程，那時候就非常清楚了解到運動心理因素在運動競賽過程中的重要性，除了前輩們的經驗傳授外，它更應該被專業化、系統化地加入日常訓練之中。

如同運動技術一樣，心理技能的鍛鍊可以透過日常的訓練，進而讓你在運動過程中的思考及想法往更正向、更穩定的方向走，這能讓自己保持一個更平靜、更舒服的感覺，去面對競技的過程。

當然，心理技能的養成，跟運動技術、生理技能的訓練是一樣的道理，它不可能一蹴可幾、立竿見影，這是需要被練習、調整及驗證的一個過程。但是一旦你領略出一套正確，且屬於自己的心理技能的訓練方式後，無論是面對高張力的比賽，或是工作的日常挑戰，它都可以幫助你保持思緒清晰及平靜。

我在職業生涯歷程中發現到，越高層次的運動競技場上，心理技能訓練的強弱，越能明顯看出其功效與差異。越高強度、高張力的運動競賽，選手的運動技能往往都已在水準之上、伯仲之間，而決勝的關鍵，比的就是心理技能。好的心理技能可讓選手保持穩定的情緒，讓選手在面對比賽時的心境就如同日常練習一般，大大降低表現失常的可能。

而「自我對話」，是一個提升心理素質的重要關鍵。在日常訓練時，我常進行所謂的「自我對話」，對話的內容一定是正向的、鼓勵自己的字詞，例如：「我可以的」、「這我練習過很多次了」、「這沒問題的」。當我開始這麼做之後，腦袋中所思考的一切，自然而然就會朝著比較正面的方向去，讓我更積極、有衝勁地去面對每一場比賽。

倘若「自我對話」時一直否定自己、懷疑自己、貶低自己，在真正遇到緊繃的關鍵時，許多懷疑自己、否定自己的想法就會不知不覺地產生，那就可能會擾亂思緒，進而影響在球場上的判斷。

「自我對話」並不一定要限制在一定的時間點，可以在我熱身時、準備比賽前，甚至於離開球場後、開車、吃飯時……，無時無刻，只要我獨處時，我都會持續跟自己溝通、跟自己對話。

林萃芬老師於書中有提到可以向運動員學習鍛鍊心理肌力，我想這個原因是來自於，運動員長時間處在訓練與比賽的雙重壓力之下，比一般人更密集、更直接面對競爭的壓力和勝負的殘酷。單以職業棒球員為例，一星期平均四至五場比賽，一年至少一百二十場比賽，這還不包括春訓熱身賽、內部對抗賽以及季外的國際賽，一年幾乎有超過三分之一的日子，天天都要面臨輸贏的結果。

決定勝負的關鍵，往往是在一個瞬間、一個對決、一支安打，戰局可能就此底定，要不就會被對手翻盤。若運動員的專注度不夠、心理素質不夠好，在那一瞬間的反應，就無法做出好的判斷。心理技能不夠穩定，會導致腦袋不夠冷靜，所有該注意的細節，就會被情緒所掩蓋，而造成無可挽回的比賽結果。

為什麼心理技能會影響運動員在關鍵時刻的表現呢？我舉個例來說好了：

在棒球比賽中，十比零領先的狀況、零比零平手的狀況，以及零比十落後的狀況，打者站上打擊區的心情是完全不一樣的。

但打者準備行使的行為內容卻是一樣的，都是打者站在打擊區，準備一球一球的來跟投手對決（當然不同的狀況會有不同的擊球策略），但心理技能好的打者，在不同局勢裡，會比心理技能較差的打者還能更有穩定的揮擊動作，不會被情緒給影響。

假如我們把領先、平手、落後等等的狀況都拿掉，就只是一個單純的投手投球跟打者揮擊的對決，你投我打，沒有分數的壓力、沒有好壞球的壓力，打者本身揮擊動作的穩定度不會被其它的條件影響到。

所以唯有在平日的訓練上，把心理技能鍛鍊到足夠強壯，才能讓自己站上打擊區的時候，不會因為局面、狀況的不同，而讓自己被情緒帶著走，進而影響到身體技能的運作。所以運動員一定要有很好的心理素質，才能保有良好的競爭性。

另外我認為「保持冷靜」，是我在面對比賽時最重要的事情之一。特別是戰局緊繃的時候，唯有冷靜的頭腦，才有辦法好好地去判斷、去解讀，思考出好的策略來。

一場比賽中，先發投手、中繼投手、救援投手輪番上陣，大約會投出一百五十顆球，這等於捕手要配一百五十顆球，這一百五十次的決策過程中，如果常常被情緒帶著走、心理素質低落，在比賽落後的時候，開始有負面的想法出現時，我的失察不單單會造成我判斷上的失誤，更會直接影響到投手與我的搭配，以及場上隊友守備上的合作。故保持冷靜，是我在日常心理技能的鍛鍊中，很重要的一部分。

另外有一種常見的狀況是，有些選手在練習時的表現非常好，但是在遇到大比賽的時候，卻表現失常。而有些選手在訓練的時候，看起來還好、普通，但在關鍵時刻，卻可以發揮得很好，甚至有超水準的演出。這其中的差距，就是一般日常時對於心理技能鍛鍊的用心程度。他們都有著一套自己獨有的鍛鍊菜單。

個人認為，台灣在運動競技養成上，從基層培養到成人競技，甚至職業運動，我們總是花很多時間在生理技術的訓練、動作技能的養成，但我們卻忽略了心理技能的鍛鍊，忽視了心理層面的問題，這除了會影響到實際賽場上的表現外，也會直接影響到運動員離開賽場後的日常生活，或是面對人生的其他挑戰。

我希望透過林萃芬老師的這本書，能讓更多人更重視鍛鍊心理技能的重要性，以及獲得專業且易懂的方法，循序漸進地鍛鍊自己，從日常開始，面對生活及人生。

《推薦序》

運動生涯是人生奮鬥的縮影

洪聰敏——台灣師範大學體育學系研究講座教授、美國國家人體運動學院院士

人生有許多目標，不僅要能存活，還要「活得好」。什麼是「活得好」？每個人的定義可能都不一樣，但是「健康、成功、快樂」，相信是大多數人活得好的主要成分。然而，要如何得到健康、成功與快樂的人生重要目標？本書提供了一個重要的方法，那就是「鍛鍊心理肌力」。我喜歡本書使用「鍛鍊」這個字彙，因為它代表可以「被改變」，讓我們覺得有希望可以變得更好，也代表要有方法。以前的人練功如果方法不對，會走火入魔，就像運動訓練方法不對，可能會帶來運動傷害一樣，而用對方法，則可以讓您事半功倍。

本書內容主要分成二部分，第一部分在談生活中面臨的挑戰，更重要的是提供許多強化

心理肌力的方法。第二部分則以案例來說明與分析各種情況之心理與行為反應以及如何改善的建議。同時作者也大方分享其人生幾個階段自我轉型的過程與心路歷程，並透過自我反省來領悟出許多可以借鏡的道理。這其中，跟運動員學習是一個有趣的論點。這個論點有趣之處在於不是很多人會想到，但是參考運動員的經驗，會是一個有效的學習策略。因為各種場域，都是展現人類與環境互動行為的櫥窗，其間雖有特定性（specificity）也有共通性（commonality），可以相互借鏡。

運動生涯是人生奮鬥的縮影，台上十分鐘，台下十年工，頂尖運動員如何挺過這超過一萬小時的專家之路，而達到其運動生涯的顛峰？這個歷程、經驗與方法跟人生其他的奮鬥有許多共通之處。一個運動員要能成功，首先需要對其運動項目進行作業分析，了解影響運動成績的技戰術、體能、心理素質、環境適應等因素之各自占比有多少。然後考量自己的獨特條件，定下各種長短期目標，並擬定達成目標的策略，根據各因素比重安排訓練。在這過程中，個人生活紀律、情緒與動機管理、自信心與抗壓能力的培養、跟隊友與教練的溝通與合作，都攸關訓練效果。

而在準備比賽時，賽前競賽場地之狀況與熟悉適應、可能的時差與賽程的適應、對手情蒐與分析、各種狀況之模擬，都是備戰計畫內的重要環節。因此可以說，一個成功的運動員，必須要知己、知彼，更要了解環境，這樣的要求，不正是我們在求學、工作與生活各面向上都用得到的嗎？

有效的身體肌力訓練，需要根據每個人一開始的肌力狀況，擬定適當的重量負荷以及反覆次數，並透過合理的休息間隔與營養的補充，來達到增強肌力的效果。要強化心理肌力，也可以參考身體肌力訓練的原則，首先要能提供心理負荷條件，並提供因應策略與環境支持，在適應良好（adaptive）的刺激反應循環條件下，心理負荷容量（capacity）提高了，當然適應各種環境要求的能力也就大增了。

競技運動正好可以提供這樣的鍛鍊環境，因為競技運動是一個人生達標的模擬訓練，參與競技運動可以讓你體驗設定目標、專心投入與紀律、面對挫敗並從失敗中學習、壓力下還能有顛峰表現、管理自我懷疑與負面情緒、看出自己的長處與弱點、展現韌性（resilience & mental toughness）。如果要給下一代一個可以幫助他們人生適應良好的武器，讓他們參與競技運動，及早鍛鍊心理肌力無疑會是最佳的禮物。

《推薦序》

鍛鍊心理肌力成為你的超能力

林由敏——中華人事主管協會執行長

在產業快速變動、科技更迭翻轉的時代裡，不只是工作技能必須強化，每一個人的調適能力也成為了無法取代的軟實力。綜觀現今產業界紛紛面臨轉型、接班等困境，未來充滿高度不確定性，領導人的心理健康也備受矚目，一項國外研究調查發現，約五〇％的企業主管表示有憂鬱症狀，甚至比一般人高出三〇％，肩負著經營績效、風險以及全體員工的溫飽，承受很多不為人知的心理壓力。

領導人如何帶領員工改變、突破逆境成長，實屬一大考驗。近來新聞報導不乏裁員、勞資糾紛等負面消息，不但容易影響企業品牌形象，更使得團隊成員士氣低落，人資亦被迫著處理員工各式各樣的心理狀況。

約莫七年前，我邀請萃芬在協會開設員工心理諮商相關課程，當時員工心理問題、紓壓方面開始受到企業重視，人資人員必須具備諮商專業能力，才能在員工發生問題時協助其順利解決，避免衍生更嚴重的悲劇。而隨著心理健康成為全球趨勢及職場顯學，企業有責任預防員工過勞與壓力爆表，著手規劃員工心理健康課程，協助人資人員強化員工的心理素質，成為引導員工心理健康發展的關鍵推手！

現今，不僅員工的心理健康備受重視，每一個人鍛鍊心理肌力的必要性也日益增加！本書分為「找到自己的心理練習」及「一對一心理教練」兩大部分，並且深入探討「情緒轉換」、「自我突破」、「職場人際」、「團隊激勵」以及「公司經營」層面，加上各式評估量表、釐清頭緒的問句等實用工具，不論是個人成長或是職場關係，都能有所啟發、受用無窮。

書中提及，在這個彈性生涯時代，沒有所謂的理所當然；越能提升自我效能的人，生涯適應力也會越來越強。依循以往的經驗不一定能夠鞏固現在的發展，或許會成為成長的絆腳石，因此，問題分析與解決能力相形重要，同時亦必須能夠判斷何時該堅持？何時該彈性變通？很多企業因為守舊、自我設限，未以開放的心態來面對轉型，導致無法因應時代和市場變化，而錯過良機或是遭到淘汰，懂得「自我更新」是企業轉型成功與否的關鍵。

臨危不亂是每個人都需要學習的心理技能，不論是企業中的哪一個職位，面對突發事件時，都必須要能夠鎮定地處理突發狀況；想要鍛鍊心理肌力，必須先學習消化負面情緒，並且知道自己要做什麼，才能將危機化為轉機。

我經常鼓勵員工：「成功的人找方法，失敗的人找藉口。」一件事情如果試一次無法成功，就要嘗試不同的方法，不能輕言放棄。書中也提到，當事情不如預期時不要急著否定和氣餒，應從失敗中汲取養分，調整應對的態度，增加自我的彈性，自然能夠形成正向循環，提升挫折的容忍力。

台灣近幾年來隨著勞動法令異動，勞資爭議的問題亦隨之增加，上街頭抗爭、衝突、罷工時所有所聞，不僅容易產生急性壓力症候群、導致員工身心負荷過重，也影響組織整體士氣低迷，勞資雙方情緒勒索、身心俱疲，也不是大家所樂見的情形。

領導人及人資必須找到適宜的對話平台，以情、理、法展開溝通，重新建立彼此的信任感。除了傾聽，更要了解員工抱怨背後的心理需求，言談之中透露出什麼重要的訊息能夠改善現狀，並且建構出完善的機制，避免類似的狀況日後重蹈覆轍，造成組織無謂的耗損。

書中還提到，媽寶型員工越來越多，不但讓管理者頭痛不已，也對其他同仁造成困擾。八、九年級生紛紛加入，也有很多人反應跨世代溝通及管理的難題，不知該怎麼做才能共存共榮。其實這些問題也提醒著管理者必須更新管理模式，用對方法很重要，不同世代的差距、成長生活的背景迥然不同，必須先了解他們的心理與行為才能增加對話的空間，逐步引導、強化他們的責任感及自主性，才能成功跨越世代的藩籬！

每個人面對危機與轉型的心理狀態不同，心理肌力越強的人越容易為自己找到出路。隨著年紀增長和經驗累積，從懵懂到逐漸勾勒出清晰的職涯地圖，我很喜歡萃芬在書中寫的一句話：「成長的重點在於改善狀況，而不是追求完美。」也經由每一次的選擇，更加了解自己。我也鼓勵大家永保好奇心，不要放棄任何能夠學習成長的機會，同時也別忘了留點時間與自我對話，引領自己正面迎向每一個未知的挑戰！

目錄

| 目錄 |

Lesson 3 職場人際 ≫ 從每個人身上找到獨特價值 210

Lesson 4 團隊激勵 ≫ 成功必定是團隊一起達成的 233

| 目錄 |

【自序】

與全世界的心理脈動接軌

對我來說，不管是諮商室或教室，都是個神奇、孕育各種可能性的空間，雖然地方很小，卻能跟全世界的心理脈動接軌。

記得剛開始做員工心理諮商與輔導的時候，企業界的人力資源部門（HR）提出的員工困擾行為，都是加班太多導致員工情緒反彈，要如何安撫員工情緒才能讓他們樂在工作。沒想到，才過沒多久就遇到世界性的不景氣，企業想出以無薪假的方式來度過景氣寒冬，這個時候，員工又擔心無班可上，沒有收入該怎麼辦。

接下來，有些公司無預警被併購，無論併購方或被併方，內心都充滿焦慮，很多職位只能有一個人留下來，其他人要不等著被資遣，要不等著被調部門，不知未來前途如何。望著他們緊縮的眉頭、抗拒的心門，彷彿在告訴我：如果工作沒了，現在減壓有用嗎？

此外，更有不少國際級的百年公司或機構面臨倒閉或裁員的困境，由於事發太過突然，以前每天都去的公司，現在居然大門深鎖，員工陷入極度恐慌焦慮中，無法喘息呼吸。

這一波的景氣變遷，還伴隨著科技的大幅躍進，從生活型態到人際互動方式都被徹底顛覆，我們進入「智慧型手機」的時代，出現不同類型的社群，衍伸出許多新的心理困擾。

面對紛亂多變的社會氣氛，公司的人力資源部門被迫處理員工各種不同的心理議題，極度需要心理專業的從旁協助，因而讓我有機會可以跟不同類型的產業接觸，從科技業、製造業、服務業、金融業到設計文創業，一起理解員工的情緒特質，探索行為背後的意涵，共同理出頭緒，找到讓公司成長的正向力量。

以往面對的大多是基層員工的心理苦悶、經濟壓力沉重，但近幾年來，則轉變成高階主管的心理健康被經營壓力快速耗損。

這十年的諮商歷程，真的感觸良多，目睹不少叱吒風雲的公司瞬間失去了世界舞台，也看到很多原本表現傑出的菁英棟樑，在公司變遷的過程中適應不良，或被迫離開。有越來越多人從「正職、專任人員」變成「約聘人員」，一年一聘。當未來充滿不確定感，內心自然會焦慮不安到極點。

歸納這十年來的諮商經驗，我整理出五大心理脈動，分別為：**每個人都要鍛鍊強健的心**

理肌力（psychological muscle）、**未來是「彈性生涯年代」**（protean career）、**學會處理生命中的偶發事件**（chance events）、**做好「隨時成為接受糞水磨練的小蘑菇」的心理準備**、**為自己量身打造一個「壓力緩衝盾」**。以上五大心理脈動我會在本書中一一介紹，也會是未來每個人都需具備的心理處方籤。

我感受到自己的使命，想將十年的心理諮商啟示分享給有需要的人，讓每個想要增強自我心理肌力的人，都能量身打造出屬於自己的鍛鍊處方，過自己覺得舒服自在、有成就感的人生。

PART 1

找到自己的心理練習

01

認清新時代的五大心理脈動

近年來世界的變遷速度之快，常讓人措手不及。剛開始在企業為員工做心理諮商與輔導時，他們還在煩惱員工無法配合加班，沒想到後來竟演變成「無薪假」的景氣寒冬。尤其隨著科技的大幅進步，人際關係和生活方式皆與從前有大大不同，從而出現了不少新的心理困擾。

歸納這十年來的諮商經驗，我整理出五大心理脈動。

心理脈動一：每個人都要鍛鍊強健的心理肌力（psychological muscle）

我的諮商工作不僅是引領者，陪伴當事人鍛鍊心理肌力（psychological muscle），培養改變的勇氣，開發當事人的優點長處，渡過各種險峻的職場環境。我的諮商工作更是預測者，和當事人一起預演未來的趨勢情境，讓他們可以事先做好心理準備，接受意料之外的挑戰試煉。

要想鍛練心理肌力，我發現最有效的方式就是跟運動選手學習。如何快速調整心理，不會被輸贏、挫折擊垮自信心，是很重要的「心理技能」。讓自己一直保持高度動機，是成功重要的特質；面對一場又一場的比賽，需要掌握競技運動心理，懂得設定有效目標的方法，同時做好「心理能量管理」，才能讓運動生涯發光發熱，留下璀璨的最佳紀錄。

▨ 心理脈動二：未來是「彈性生涯年代」(protean career)

從諮商經驗中我看到的心理脈動是，未來是「彈性生涯年代」(protean career)。近年來，全世界很多地區的心理諮商界，都在積極推動「彈性生涯年代」需要做好哪些心理準備？如何為自己創造想要的機會？如何在變動中增強自我的適應力？

彈性生涯時代(protean career)的特色是，每個人都需要自主自立，注重成長，在變遷中適應，勇於承諾自己，持續補充心理的成功能量。也因此，彈性生涯時代非常需要培養「工作勇氣」，注重個人的生涯選擇，以及自我的實現，主控權在自己手上，而不是在公司身上。

我加入「自由工作者」的領域迄今已經二十年，專業技能從寫作、企業顧問，一直擴展到諮商心理師。期間我經歷過所謂的美好年代，「洞察人心」系列的書籍熱賣超過二十萬冊，同時身兼多家企業顧問，工作充實而有成就感。

但我也經歷過所有工作在同一時間消失的慘澹歲月。在短短兩年內，讓從小幸福長大，沒有體會過悲歡離合的我，一連遭遇各種不同的失落感，失去工作、失去愛情、失去父親。

我一直以為自己很堅強，可以從容應付各種挫折。可是，當我遇到一個接一個的打擊時，還是會陷入患得患失、極度沮喪的情緒中。走進人生低谷的時候，總是盼望趕快翻轉人生：怎麼熬如此久還沒有到盡頭？已經這麼努力成長了，何以老天爺沒有看到我的辛苦？到底什麼時候才能苦盡甘來呢？

當時只有困惑，沒有答案。

走過之後才知道，這一切經歷的意義。當心靈脆弱無助時，我們需要擁有選擇的能量，相信事情會慢慢好轉，幫助自己創造出改變的機會。從不同的視角，回顧過往這段慘澹歲月，發現它帶給我的最大禮物就是重新認識自己，找到未來生命的意義，成為陪伴人們走過不同際遇的諮商心理師。

心理脈動三：學會處理生命中的偶發事件（chance events）

平心而論，人在順境時，真的很容易低估環境風險，覺得努力認真把工作做好，就能確保未來工作無虞。

不過，在「彈性生涯年代」沒有所謂的「理所當然」。學會處理生命中層出不窮的偶發事件（chance events），變成極為重要的能力，包括：能不能從生命經驗中提煉出豐富的養分，並轉化成未來需要的能力，是非常重要的心理技能。

心理脈動四：做好「隨時成為接受糞水磨練的小蘑菇」的心理準備

另一個心理脈動是，每個人都要做好「隨時成為接受糞水磨練的小蘑菇」的心理準備。會這樣比喻，是因為初學者的養成歷程其實很像蘑菇，常被放在不見光的角落，還會被各種不同類型的糞水淋身。表面上看起來受盡委屈，實際上髒臭的糞水卻給了蘑菇最充足的養分，倘若蘑菇在長成階段時，被放在日照過多、備受呵護的地方，蘑菇反而會提早夭折。

過往，接受糞水磨練的小蘑菇都是最基層的員工，但現在，不管做到什麼職位，待在多大型的機構，都有可能再度成為小蘑菇。有人於中年轉換跑道，一切歸零、從頭學習；有人是公司政策改變，需要降階重新開始。如果做好「隨時當蘑菇」的心理準備，就能欣然接受所有的磨練際遇，轉化成寶貴的養分。

▨ 心理脈動五：為自己量身打造一個「壓力緩衝盾」

十年的諮商歷程中，我看過太多人因為對壓力的耐受性太強，而忽略照顧自己的心理健康。不願承認「自己會感覺有壓力」的人，通常是因為「理想我」期望自己是感受不到壓力的強者；也因此，會隱忍壓力的人，大多數不滿意自己是個普通人。而這些「不承認的壓力」都跑到哪裡去了？多半都宣洩到別人的身上，尤其是家人跟屬下。事實上，「暴躁易怒」就是典型的壓力反應。

在快速變動的年代，每個人都要懂得為自己打造一個「壓力緩衝盾」（Stress Buffer Shield），協助自己及時釋放壓力與焦慮。這面「保護心理健康」的盾牌，有五個部分：

第一個是，累積生命經驗（Life Experiences），讓自己更堅強有力。

第二個是，個人支持網絡（My Support Networks），內心困惑時，有人可以請教。心情不好時，有人可以安慰；寂寞沮喪時，有人可以陪伴。

第三個是，正向的態度和信念（Attitudes / Beliefs），協助自己轉換角度，看到不同的見解。

第四個是，健康自我照顧習慣（Physical Self-Care Habits），了解自己的身心狀況，找到有效抒解壓力的方法。

第五個是，行動技巧（Action Skills），壓力事件沒有解決，壓力就不會消失，需要有改變現狀的行動技巧。

除了向運動員學習鍛鍊心理肌力、為自己量身打造壓力緩衝盾；學會在「彈性生涯年代」裡擁有選擇的力量，重新認識自己，並找到生命未來的意義，也將會是每個人未來必修的課題。

02 當你被「害怕」包圍：靠自己的力量改變破壞性的訊息

誠實地問問自己：有沒有被「害怕」包圍？害怕被人拒絕、害怕犯錯失敗、害怕別人的眼光、害怕改變、害怕失去、害怕死亡失落。

有趣的是，勇氣的核心就是「害怕」，亦即我們對危險、失敗、失望的回應。

「害怕」時會想要「控制」

當我們感覺害怕的時候，就會想要自我保護。最常見的保護方式包括：自我控制或是掌控他人。

我在諮商的過程中發現，很多人的能量都花在「自我控制」，每件事情都要預先做好規劃，試圖掌控未來的發展。

有些人是做事情的順序必須完全符合自己要的，不能有一絲一毫紊亂，不然就要花很大力氣重新安排。有些人則是所有的細節都要很清楚，為了記錄每個細節，自然要花很多時間。也有些人是物品的排列順序都要整齊劃一，衣服要分不同的顏色放置，碗盤要從大排到小，不能忍受任何失控。

除了控制自己，更辛苦的是掌控他人，期望別人每件事情都跟自己回報，規定別人按照自己的做事方式，要求別人遵守自己的規範，甚至想要掌握別人的行蹤。

「害怕」隱藏著「敵意」

「害怕」也常常隱藏著「敵意」。當我們不安時，常常會忍不住跟別人做比較：「別人有我沒有，怎麼可以？我一定要比他更厲害。」

「比較」和「競爭」的背後，其實躲著「破壞性的感受」。工作時受到「比較」和「競爭」驅使的人，會特別執著於追求「豐功偉業」、期盼自己「一枝獨秀」，成為「與眾不同」的人。

最常出現的狀況是：「我的學歷比較好，怎麼可以安排我去做小嘍囉的工作，這樣不對吧？我要換部門。」或是認為：「我對公司的貢獻比其他同仁高多了，他們差我太多了，薪水當然也要比他們高才行。」

競爭心強烈的人，無論做什麼事情都渴望被人讚賞、被人認同，越是想藉由成功來克服不安，對失敗的恐懼就會越強。

「害怕」會造成「停滯不前」

當內心害怕失敗，反映在行為上就會停滯不前。很多人恐懼陌生的事物，害怕以後要面對的問題比現在多，一想到未來困難重重，覺得自己沒有能耐面對，乾脆放棄算了。

當我們害怕出錯時，常常會跟別人說：「我不曉得要怎麼做，我可不可以不要做？」或是想要換別人來做：「可以換資深的同仁來做嗎？我可能無法勝任。」或是用過去的失敗經驗來拒絕接受交付的任務：「上次客訴，我覺得好可怕，讓我有不安全感，我很怕拖累大家。」

何以會認為自己是人生的失敗者呢？起源往往是因為從小不斷被灌輸某種破壞性的訊息：

「你不行啦，什麼事情都做不好。」
「你的動作那麼慢，我來幫你做比較快。」
「你缺乏判斷力，經驗也不足，所以要怎麼做，我都幫你想好了，你只要照著做就好。」
「你好可憐，從小爸媽就不在身邊，才會這樣。」
「我再給你一次機會，你最好表現好一點。」
「再不聽話，你就試試看！」

這些訊息都不斷在暗示我們：「你沒有辦法做好。」現在我們需要靠自己的力量改變這種破壞性的訊息。勇於面對自己內心的糾葛，才是真正的解決之道。當我們處在憤怒與恐懼中，自然無法區辨：這件事情，什麼是最重要的？背後的意義是什麼？

「害怕」產生「沒有理由的焦慮」

很多人的生涯遇到瓶頸，探索背後的原因後發現，其實是內心渴望贏過別人，為了達到「贏過別人」的目的，就會變得很難做決定，也不敢冒險，因為做錯決定，就被別人說中了，也就代表自己輸了。

當「內心害怕」超過「真實危險」，就會變得很焦慮。「焦慮」是我們渴望追求優越卻感到不足的反應。當「害怕」大過「問題」，就會導致適應不良。很多人會出現「沒有理由地害怕、焦慮」。

這幾年的諮商經驗發現，有愈來愈多拒學或是抗拒工作的人。當我們沒有工作的時候，很自然地，就要依賴別人提供生活所需，這個行為意味著「社會情懷較低」，但是「自我興趣卻很高」。

倘若我們從小生長在過度驕縱寵愛，或是家人常常傳遞負面、敵意訊息，又或是缺乏愛與溫暖的環境中，「害怕」的情緒就會被增強，以致於長大後無法面對自己的生活任務，潛意識中我們就會運用各種方法讓別人來滿足自己的需要。譬如說，潛意識中我們會讓自己受傷：「我的腳受傷了，醫生說我需要時間休息。」讓別人有機會照顧自己。

諮商的過程中，很常聽到家長告訴我：「孩子沒有安全感，所以我要陪伴他，讓他有安全感。」真正的安全感是，即使家人不在身邊，仍然可以上學、工作、出遊。如果越陪伴越退縮，或許就要覺察「陪伴」裡隱藏著什麼讓人退縮害怕的暗示，令我們裹足不前。

「害怕」形成冷漠麻木

當我們被恐懼和焦慮淹沒，不知道該怎麼辦的時候，有些人會躲在冷漠麻木中，對任何事情都表現出「無所謂」、「不要管我」的態度。人際互動的時候，常常會強調：「你們不要管我就好了。」或是表示：「你們就當我不存在好了。」

一旦跟周遭人的互動變得越來越冷漠，開始對別人抱持敵意，把別人的行為都做負向解讀，總覺得「別人不理自己」，漸漸地，對自我的關注就會越來越高，「關心自己」遠遠超過「關心別人」。

釋放恐懼與限制

在專業訓練的過程中，我們都需要接受心理諮商，探索自己內在的恐懼與限制。當我們了解自己的想法、情緒後，才不會把自己的議題投射到當事人身上，干擾諮商歷程的進行。

當自己成為求助者時，才知道求助的過程並非如此輕鬆簡單。光是要拿起電話預約，就在心裡掙扎許久，不斷想著什麼時候打電話比較適合呢？要怎麼開口呢？什麼特質的心理師適合自己呢？對方會問我哪些問題呢？

真的沒有想到，求助的過程會歷經如此大的掙扎起伏，需要下這麼大的決心。這個時候，心裡開始佩服當事人的勇氣：原來「求助」需要鼓起如此大的勇氣。

很多當事人都曾經告訴我，在踏入諮商所前，內心充滿恐懼不安，不知道會面對什麼樣的自己？是不是問題大到沒救了？人生還可能變好嗎？聽了他們的心聲，我也會回饋：面對自己就是最大的勇氣。

阿德勒認為，消除恐懼與冷漠最佳的解藥，就是「社群感」（community feeling）。因為當我們不認同自己的時候，也會不認同別人。如果我們可以心平氣和，好好跟自己相處，就能隨心所欲跟別人互動。

「不怕」，就從跟自己相處開始，勇於面對自己內心的糾葛，就是勇氣的表現。

03

跟運動員學習鍛鍊心理肌力

在所有的生涯發展中，職業運動員最需要強韌的心理肌力（psychological muscle）。幾乎每個成功的運動員，都是從小開始長期接受反覆嚴格的訓練，成果卻要在短短幾秒鐘或幾十分鐘內呈現出來。無論技術多麼高超，只要成績不如別人，就要接受「輸了」的結果。

在高壓力的狀況下，運動員很容易表現失常，一個分心就失誤了，一個緊張就失手了。所以，如何全神貫注投入比賽，同時又能讓情緒快速平穩，立刻鎮定下來應對比賽，不會因為剛剛的失誤而影響全局，是左右勝負的因素。

很多運動員都曾經面臨生涯瓶頸，因為運動受傷而被迫中斷賽事，因為表現不如預期而再度坐上冷板凳。

如何讓自己享受競賽過程，不會患得患失，比賽結束後繼續投入辛苦訓練，可說是影響職業生涯長短的關鍵。倘若熬不過考驗，很多紅極一時的明星運動員，會為了想要馬上解除現實的挫折感，而沉迷賭博、酗酒、藥物、性愛中，罹患成癮症而不可自拔，從此人生過得荒腔走板，讓人不勝唏噓。

要評估一個運動員可不可以成為頂尖的運動員，最重要的是觀察他陷入低潮的因應之道，以及心理肌力的強弱。

在新聞上每每看到運動員上台領獎牌時喜極而泣，這淚水中包含多少汗水與孤獨，不只令人動容，也值得我們學習。

自我對話影響表現

他人的期望會影響運動員的表現。

諮商的過程中，我發現很多人從小就揹負沉重的期待壓力，在家長「望子成龍、望女成鳳」的殷殷盼望中，慢慢的，我們會自動把大人的期望內化為「自我對話」。

《深夜加油站遇見蘇格拉底》這部描述體操選手奮鬥歷程的電影，可說是探討「運動心理」的代表作，裡面可以聽到運動員的經典自我對話：

「如果沒有取得資格，我永遠都不會原諒自己。」

「教練覺得我一無是處，我是個一無是處、沒有用的東西。」

「為什麼我做不到？我是個廢物。」

這些「自我對話」會如影隨形跟著我們，無時無刻影響我們的心理運作。

「自我對話」ABC模式

發生壓力事件時，我們都會認為是「這件事情」導致我們產生壓力、不舒服的感覺，但其實是我們「腦中的想法」造成緊張不安的情緒。

「壓力事件A」並不是情緒反應或行為後果的原因，而是我們對事件抱持的「非理性想法B」才是真正的原因。也就是說，是我們對事件的想法導致情緒和行為的後果，而不是事件本身造成的。

譬如說，在球場上，常常聽到下面兩種「自我對話」：

第一種「自我對話」是：我一定要打好，不能搞砸。

第二種「自我對話」是：我已經做好準備，知道要怎麼表現。

第一種自我對話很容易產生焦慮，帶來壓力，進而導致破壞性行為，讓球員產生緊張、心慌的情緒，降低專注力，連帶對球的反應也會變慢。

第二種自我對話則能帶領自己迎接挑戰，形成建設性的行為，讓球員更專心、更有自信地打球，可以對球快速做出反應。

LeT'S GO!

向運動員學習自我對話

「自我對話」雖然不會影響事件發生與否，但是卻會影響事件發生時我們的因應之道。

舉例來說，如果我們的自我對話是「上台報告絕對不能停頓，一停下來就會被別人看笑話」，這樣的「自我對話」會讓我們太過在意別人的反應，如果台下正好有人面露笑容，就會擔心剛剛是不是講錯話，讓別人覺得自己「很好笑」。由於對自己的每一個動作都太過注意，反而容易表現失常，引發沮喪的情緒。

如果我們能以一個有效的、理性的、合適的思考，代替無效的、非理性的、不合適的思考，便能挑戰成功，產生「新的效果E」，並帶來「新的感覺F」。

另一個有效降低「自我對話」破壞性的方法是，先暫停破壞性的想法，就像讓電腦關機一樣，讓思考暫停，也可以讓情緒不受影響。

A：activating event，發生的事件。

B：belief，人們對事件所抱持的觀念或想法。

C：emotional and behavioral consequence，觀念或想法所引起的情緒及行為結果。

D：disputing intervention，挑戰「不適當、無效的想法」。

E：effect，治療或諮商效果。

F：new feeling，諮商之後的新感覺。

運動員飽受長期與急性壓力之苦

大約有百分之二十到三十的運動員飽受長期壓力之苦，像是跟好朋友同場競爭的壓力、比賽表現優劣的壓力、各種大小壓力的累積，以及受傷恢復狀況好壞的壓力。

也有很多運動員在比賽後期體力用盡，或無法突破長期嚴苛訓練的疲勞障礙，便會產生強大的身心壓力。再加上，運動員需要到處旅行比賽征戰，也常會導致睡眠品質不良，造成惡性循環，總覺得疲憊不堪。

當壓力太大或過度緊繃的時候，運動員就會覺得比賽很無趣。還有，不少運動員跟情人分手時，一樣會情緒起伏很大。運動員需要花很多時間和精力練習，特別是集訓階段，都要住在集訓中心，比賽時又要到處南征北戰，基本上已經很難有時間經營感情，如果又把壓力宣洩在情人身上，自然更不容易維繫感情。

因此，運動員是否可以放鬆與增能，就是致勝的鑰匙。

放鬆是多功能的心理訓練工具

運動員很容易受情緒影響比賽結果，通常情緒發展的路線是，從緊張焦慮、心煩意亂或是過度活躍開始，如果沒有適時放鬆，慢慢的，會變成缺乏朝氣、遲鈍、消極的狀況。

在《深夜加油站遇見蘇格拉底》這部電影中，當男主角焦躁不安，對自己感到懷疑的時候，不僅會反覆做惡夢，還會半夜睡不著，經常需要出門去透透氣。如果壓力仍然無法釋放，男主角會騎快車，跟朋友喝酒，或是透過性愛宣洩壓力。現實生活中，很多運動員也是選擇用同樣的方法釋放壓力，結果跟電影中呈現的狀況一樣，壓力依然存在，甚至會帶來災難。

事實上，放鬆最佳的狀態是，要懂得「完全放鬆」與「快速放鬆」兩種方法。「完全放鬆」需要花費比較長的時間，大約十到二十分鐘以上，讓身心達到完全放鬆的境界。

運動員平常就需要練習達到經常性的完全放鬆，這樣在比賽最激烈的時候才能做到快速放鬆。在比賽的情境中，運動員需要在幾秒鐘內讓自己快速放鬆。上場前做十到十五秒的身體放鬆，有助於心理的鎮定，讓自己專注於比賽。因為當交感神經過度活化時，身心會變得焦慮、心跳加快、緊張冒汗、呼吸喘不過氣來，就會影響表現結果。

一般最常用的放鬆策略有腹式呼吸、全身肌肉放鬆訓練法、漸進放鬆訓練法、意象放鬆、音樂放鬆。規律的呼吸可以讓運動員保持沉靜，有效降低焦慮，大幅提升專注力，讓精神得到休息。

Let's GO! 向運動員學習放鬆

雖然一般人不用上場比賽，但也有很多緊張時刻。例如，很多人都有考試壓力，或面試之前焦慮到睡不著，或被上司檢討到做惡夢，或開會時上台報告緊張到胃痛，或被催促達到業績時的緊繃不安。

所以，放鬆對我們每個人的身心健康都很重要，既可減少不必要的肌肉緊繃，更能降低交感神經過度活化，讓我們集中專注力，產生心理鎮定的功效。

◉音樂冥想法

聽音樂的時候，身體如果能回應節奏的快慢，隨意舞動肢體，讓身體融入音樂的旋律中，更有助於甩開壓力的束縛。

在「音樂」的旋律中，感覺心靈是平靜的，肌肉是放鬆的，全身彷彿剛洗完澡般清新舒暢，記得，讓自己停留片刻，體會真正的寧靜。

◉創造冷靜的心理

我們每個人都可能會遇到慌亂、不知所措的時候，越是重要的關鍵時刻，越需要靜下心來面對。

想要創造冷靜心理，第一步，先靜止不語。將注意力與覺察力放在呼吸、感知、耐心、信任上面。運用「知覺」取代「思考」。從心理能量的角度，注意力灌注在哪裡，哪裡就會開花結果。盡可能把注意力放在呼吸，體會空氣進入身體的感受，從頭部開始，慢慢覺察整個身體的感受。同時配合正確的呼吸，呼吸可以幫助我們覺察身體的狀態。

腹式呼吸可以有效清理情緒、宣洩不舒服的情緒。心律呼吸可以讓心靜下來，幫助我們讓頭腦關機，快速消除疲勞感。感謝的冥想呼吸，可以產生內在力量。情緒冥想呼吸，可以有效讓波動的情緒平靜下來。也可以把注意力放在口中的食物，讓它在口中翻滾，用舌頭去感受它，細嚼慢嚥每一口食物，慢慢享受其中的滋味。

專注於享受生活的過程，有知覺地去做每件事情，與自己的心靈親密對話，清楚自己的身心靈狀態。每個「當下」都是全新的，「已知」中仍有新的可能性，對未知保持開放的態度，自然可以讓自己靜下心來。

充滿能量的意象增能法

跟「放鬆」相反的就是「增能」，讓身體產生活化作用，提高大腦的活動，準備好應戰。

「增能」可以幫助運動員生理覺醒、促進專注力、提升自信心。「完全增能」的方法包括：激勵式呼吸、意象增能法、音樂（music）增能法。

運用「意象增能法」提升運動員表現的例子中，最為人所津津樂道的是，一九八四年的洛杉磯奧運，加拿大的運動選手們接受心象練習的心理訓練法後，相較於前一次奧運的獎牌數量，激增到四十四面獎牌，讓大家開始重視心理訓練的重要性。

LeT'S GO!

向運動員學習增能

在人生某些重要時刻，我們也需要「增能」，讓自己可以既專注又自信地完成任務。

在諮商的過程中，我常常帶領當事人做「意象增能法」，讓他們想像在某個美好的情境中，感覺自己精力充沛、充滿能量的最佳狀態，然後記得這樣美好的感覺，儲存在腦海中，這樣在需要的時候，隨時可以喚起精力、充滿能量的感受。

除了增加心理能量外，「意象增能法」也能運用來克服恐懼。譬如，帶領當事人想像，如果有一天可以不再害怕，能夠自在面對自己恐懼的事物時，那個時候的自己是什麼樣子？

我們的大腦擁有很神奇的力量，光是用想像的，看到自己有勇氣的樣貌，我們的心理就產生了面對的能量。當然，心理師本身擁有「信任的能量」也很重要，發自肺腑相信當事人可以透過「意象增能」來改變自己的人生，進而催化當事人的改變。

懂得設定目標，才能成為頂尖運動員

想要成為頂尖運動員，就要懂得設定目標，有效目標的設定，最好是「表現」和「過程」相互配合，這樣可以同時增進「控制力」與「靈活性」。

所謂「控制力」指的是，達到自我成功，完成特定的行為，接受「贏得比賽不在自己控制範圍」的心理彈性。而「靈活性」，則是為自己創造最好的挑戰空間。

三種有效目標的設定方法

究竟設定的目標有沒有效果？其實很容易判斷：運動員能不能集中專注力在明確的任務上？是否能夠不斷增加努力與練習的強度？能不能持續面對困難與失敗？可不可以持續激勵自己挑戰目標？

不妨自我檢查一下，通常都用下面哪一種方式設定目標？

以結果目標（outcome goal）為導向：渴望勝過其他競賽者，拿到更高的名次，最好是贏得第一名。運動選手如果只論成敗，只在意輸贏，很容易形成「不穩定的自信心」，畢竟冠軍只有一個，有時候贏得比賽並不在自己的控制範圍內，「非贏不可」反而會降低我們的挫折容忍力。

以表現目標（performance goal）為導向：會全力追求個人表現，如跑得更快、擲得更遠、投得更準。

以過程目標（process goal）為導向：著重於精進運動表現的技術、形式、策略。如果可以把「表現目標」和「過程目標」相互配合，將問題視為學習成長的機會，就可以逐步改善整體表現。當運動員的技術超越其他選手，自然可以贏得比賽。

多樣化的目標設定

多樣化的目標設定又比單一目標設定更容易成功。設定「團隊目標」，可以有效提升整體表現的成果。不過，從心理的角度來看，倘若只有團隊目標而沒有個人目標，就很容易產生社會懈怠現象（Social Loafing），降低個人努力的動力。

而設定「個人目標」，最好讓團隊中的每個人都能夠為特定表現負責。

SMART設定目標原則，逐步達成目標

S（Specific）具體的：規劃目標要具體、明確，同時增進表現的質與量。像是每週三

次，一次三十分鐘的中等強度訓練；或是改善罰球的命中率；改善步法技巧。

M（Measurable）**可測量**：目標評估是設定目標時最關鍵的因素，規劃要可以衡量、可以比較、能夠評估進度。例如打擊率從百分之十提升到百分之十五；每天走一萬步。

A（Attainable）**可執行**：目標設定必須是可行的，先考慮客觀狀況，以事實為依據，可執行、可達成，而不是無法達成的夢想。譬如，短期目標最多不超過六週，規劃三到四個步驟，達成率最高。

R（Recording）**可記錄**：把實行的過程詳細、清楚地記下來，一方面掌握進度，一方面找出問題。

T（Tracing）**可追蹤**：規劃實施後，如果不追蹤，可能會流於形式，最後宣告失敗。

有目標的旅程，能讓我們悠遊自在、較無牽掛地享受當下。

LeT'S GO!

向運動員學習目標設定

我們大多數人都知道要設定目標，可是要如何設定目標，卻往往沒有頭緒。所以，當我深入了解運動選手設定目標的各種技巧，也了解目標背後的心理動力後，真的覺得非常值得我們學習。

舉例來說，我想寫一本書稿，就會思考如何設定目標，幫助自己一步一步完成。長期目標是寫一本書稿，分割成短期目標時，我會使用SMART目標原則，例如，一個星期寫多少字數，一個月進度多少，如果進度落後如何補救，預計寫多久時間，大約什麼時間出版，逐步達成目標。

而且設定目標的時候，我也會根據自己過去的經驗，發覺自己的個性需要有人催稿，寫作效率最高，因此我也會想辦法開個專欄，讓編輯來協助我訂定截稿日期。同時也會想想如何把「表現目標」和「過程目標」相互配合，像如何呈現心理專業，何種寫作格式比較吸引讀者，哪一家出版社跟我的理念比較相投。

無論天分高低，有目標者的成功機率都大於無目標的人，尤其是符合自我需求的目標，是自己想要的，不是被別人強迫的，達成目標的過程兼具樂趣與意義，自然得到成就感、快樂感與滿足感。

設計適度困難的目標

設計適度困難的目標，不僅可以激發運動員最大潛力，還能持續性的努力。

每次的困難目標大約提升百分之五至百分之十五的難度就好，不要超過前一個成就太多，這樣可以增加成功經驗，同時降低壓力，對增強自信心很有幫助。

但設定的目標也不宜過度簡單，需要用心去完成目標，一方面會較有成就感，另一方面亦較能夠負起責任、提高自尊。

倘若覺得目標太過困難，調降目標的原則是，最好避免在表現不佳或缺乏動機的時候調整，這樣才不會動不動就因為自覺「我做不到」便放棄。

LET'S GO!

向運動員學習前進動力

很多想要進步的人，都把目標設得太高，讓自己累積太多挫折感，反而達不到目標。

諮商的過程中，我常帶領當事人設定適度的目標，方法其實很簡單，從「做到的」開始，先讓當事人自我讚美：「我覺得自己做得不錯的地方有哪些？」然後帶領當事人整理成功經驗：「我是如何做到的？」這樣下次他就可以複製成功經驗。再引導當事人為自己設定進步的起始點：「我對自己表現滿意的程度是幾分？」

接下來就可以設定進步的目標：「我希望進步到幾分？」並且轉化成具體的步驟：「我覺得多做些什麼，可以更符合自己的期待？」

這樣自然可以引發成功心理，讓自己不斷產生前進的動力。

正面聚焦的目標

在起伏不定的運動生涯中，一兩場的比賽失利，還不至於打擊到自我信心，但如果一連半年都打敗戰，就很可能會動搖自信心。

對運動員來說，設定長期目標的功能，是為了避免因短期失敗而感到灰心喪志。優秀的運動員不會因為輸或贏而評價自己，他們會設定長期目標，評估自己的表現，重視比賽的品質，看到自己的進步。

LET'S GO!

向運動員學習正面聚焦

心理學家華特森（David Watson）在研究正面情緒時發現，擁有快樂和正面情緒的關鍵，是努力追求目標的「過程」，而不是完成目標的「結果」。

諮商的過程中，我也深刻感受到，一個人可不可以看到自己的成長和進步，是非常重要的成功特質。

看不到自己的進步就很容易感到焦慮、挫折、不信任自己；看得到自己的進步，不僅對自己有信心，對表現也會有較高的滿意度。

▨鍛鍊「心理技能」挑戰極限

羽球天后戴資穎在接受電視訪問時表示，她從小跟著熱愛羽球的父親一起打球，大人打球，小孩也跟著打。小學開始練球，小六已經沒有對手，這個時候，父親決定讓她升級，跟年齡更大、球技更好的選手一起比賽，她又再度嚐到輸球的滋味，從此也接受輸球的挫折。這個訓練過程，可說是呼應「練習目標」的功能。

「練習目標」可以幫助我們增強「心理技能」，提升我們的聚焦及專注力，激勵自己挑戰自我極限，增強超越的動機。

另一位棒球界的超級運動明星，鈴木一朗的練習歷程也很值得我們深思。鈴木一朗在三歲時跟父親說想要打棒球，當時父親花了半個月的薪水買了一副棒球手套給他，還告訴他：這不是玩具，而是工具。從此以後，一年三百六十五天，鈴木一朗每天都要去公園練投五十球、打兩百球、守五十球，無論天氣多麼寒冷，鈴木一朗多麼想玩，都不能調整、更不能鬆懈。

在馬林魚總教練馬丁利（Don Mattingly）的眼中，鈴木一朗「每天都在球場上丟球，不斷求進步，並且從未停止。有些球員會覺得倦怠或是偶爾停下練習，但他從不休息、日復一日的，這都展現了他對於棒球的熱愛。」

但是眾所皆知，鈴木一朗跟父親的關係非常疏遠，完全沒有互動，回憶父親訓練自己的過程，他也認為「嚴格」與「虐待」只在一線之間。

從教練和隊員的敘述中，會發現鈴木一朗有些強迫性人格傾向，像是固定用訂製的盒子裝棒球，每次踏上球場前都會清潔、擦亮手套。從紀律的角度來看，鈴木一朗可說是達到極致；但從彈性的角度來看，他似乎沒有什麼空間；若從放鬆的角度來看，他則是從來沒有鬆懈過。

事實上，「心理技能」的訓練需要持續整個運動生涯。大多數的運動員在一般狀況，或是低度壓力的競賽裡，「心理技能」都可以從容應對，可是在高度壓力的情境中，表現往往不如預期。

上場競賽時，為了追求最佳表現，需要強化的「心理技能」包括：落後慌亂時保持鎮定，不管什麼狀況下都對自己有信心，知道怎麼做好壓力管理。退休之後，需要幫助自己調適心理，重新設定人生目標。

很多紅極一時的運動員走出運動場後，往往不知道自己還能做些什麼。即使是締造泳池傳奇紀錄的天才型運動選手菲爾普斯，當他決定在倫敦奧運退役，離開游泳舞台後，他從此停止訓練，生活不知所措，體重開始暴增，沉迷酒精、毒品、賭博，連一手訓練他的教練都勸不醒。走過迷惘混亂的歲月，菲爾普斯又重新振作，再度於里約奧運奪得金牌。

「心理技能」的終極目標，是鍛鍊「自我調整」的能力，做好自我管理，幫助自己達成短期目標與長期目標。像台灣之光王建民無論是否上場比賽，都不間斷自主訓練。他曾經表示：「我只是想要證明，只要我努力，就一定有機會重新上去（大聯盟）。」這股自我管理的毅力，真的很令人佩服。

鍛鍊「心理技能」的過程中，保持樂趣也是很重要的，享受練習的過程，對自己感到滿意，比賽後有滿足感，才能夠源源不絕地產生心理能量。

Let's GO!

向運動員學習危機管理

不只運動員，我們每個人都需要「心理技能」，能夠鎮定地處理突發的危機事件，自信地表現專業能力，及時地消化壓力，隨時做好自我調整，從確認問題到自我承諾，每個步驟都確實執行，做好環境管理，類推到所有的狀況中。

讓我印象深刻的危機處理事件是，一架飛往達拉斯的西南航空班機，因為左發動機在三萬兩千呎的空中爆炸，女機長舒茲（Tammie Jo Shults）鎮定跟塔台通話的過程。

當航管人員問到飛機是否著火時，舒茲以平靜的聲音回答：「沒有，飛機沒著火，但失去了某些機上部件，他們說機上有個洞且有人掉出機外。」舒茲清楚表示機上有乘客受傷，並請醫療人員在飛機降落後與他們會合。飛機安全降落之後，舒茲還花時間親自跟機上所有的人談話。

這位女機長的聲音，展現了最強的「心理技能」，臨危不亂，發揮專業，帶領全部的人平安降落。

想了解自己的「心理技能」如何？不妨做做下面的「心理技能」評估量表，看看有沒有什麼地方需要再自我鍛鍊。

「心理技能」評估量表

❶ **聚焦專注：**無論在什麼環境或狀況下，都可以專注於當下，聚焦於手中的任務。**（一到十分，給自己幾分？）**

❷ **因應困境：**遇到瓶頸或挫折，不會自我打擊，也不會退縮卻步，對內可以自我增能，對外也能尋求資源協助。**（一到十分，給自己幾分？）**

❸ **壓力適應：**面對壓力時，懂得運用有效的方法，釋放身心壓力。**（一到十分，給自己幾分？）**

❹ **目標設定：**知道在什麼狀況下為自己設計適合的目標，並且評估目標達成程度，使目標發揮作用。**（一到十分，給自己幾分？）**

❺ **成就動機：**可以持續保有前進的熱情及超越的動機。**（一到十分，給自己幾分？）**

❻ **適應教練（主管）：**可以跟教練或主管雙向溝通，說出自己的目標、挫折及感受。**（一到十分，給自己幾分？）**

❼ **免於憂鬱：**懂得轉換情緒的有效技巧，不會讓自己被無力感包圍。**（一到十分，給自己幾分？）**

❽ **流暢感覺：**有方向、有目標地挑戰自我極限，同時也保有生活樂趣。**（一到十分，給自己幾分？）**

❾ **心理韌性：**情緒控制良好，可以自我激勵、喚起自信心，與團隊和諧相處。**（一到十分，給自己幾分？）**

❿ **自我調整：**可以自我控制、自我投入、自我整合，不會陷入矛盾衝突中。**（一到十分，給自己幾分？）**

※ 從上面「心理技能」評估量表的分數高低，不妨針對自己想要增強的部分，跟信任的親朋好友聊聊，或是找諮商心理師一起討論，進一步找到提升「心理技能」的方法。

得到正向的競賽經驗很重要

在運動場上，由於承受高度的壓力，教練和運動員往往會以求勝為目標。獲勝雖然重要，但也要評估付出了什麼代價。

拼到犧牲健康，值得嗎？

只求勝利，忽略個人發展、家人朋友關係，值得嗎？

為了求勝，不擇手段，甚至危害對手的健康，值得嗎？

運動生涯發展的過程中，教練要確保運動員得到正向的競賽經驗，是很重要的。觀看賽事轉播的過程中，不僅可以看到運動員的心理技能，更能觀察到運動員獲得的是「正向的競賽經驗」還是「負向的競賽經驗」。

如果是「正向的競賽經驗」，運動員會展現公平比賽的意識，不會試圖走旁門左道贏得比賽；在比賽的時候，也會展現正向的人格特質，透過比賽精進技巧。

倘若是「負向的競賽經驗」，就會出現不良的人格特質，像是情緒失控打人、缺乏團隊精神；或是形成扭曲的想法，總是在抱怨不滿，老是認為資源分配不公平；也會變得沒有責任感，賽前喝酒熬夜，或是任意退出比賽。

當運動員成為注目的焦點，變成運動明星之後，很多誘惑就會開始出現，無論是金錢或性愛，假如沒有培養正向的人格特質，就很容易迷失，葬送大好運動前程。有次跟運動心理專家洪聰敏博士討論，影響運動選手生命長短的關鍵因素，根據他長期的觀察，最重要的就是紀律跟品德。

因此，要成為頂尖的運動員，不只要磨練運動技能，更要鍛練生活技能，同時讓身體、心理、社交、情緒、道德各方面均衡發展；持續保有比賽的熱情，以及健康的性格，才能讓專業的道路走得又遠又長。

LET'S GO! 向運動員學習攀登頂峰

在人生的舞台上，也有很多競賽的場景，最常見的是業績競賽、晉升競賽，「正向的競賽經驗」可以讓我們累積實力，攀登專業的頂峰，如退休的央行總裁彭淮南就是代表人物。

相對的，為了贏取資源獲得升遷機會，不惜發動辦公室鬥爭，發黑函攻擊別人，開會時對同仁咆嘯，使用情緒語言霸凌別人，孤立別人贏得權力，都是「負向的競賽經驗」。短期內似乎得到很多好處，可是長期下來反而不利於身心健康，會扭曲我們的人格特質。對別人產生敵意，會變得越來越沒有安全感，越來越不快樂。

追求卓越比贏得勝利更重要

成為頂尖的運動員，追求卓越比贏得勝利更加重要。追求卓越不是一條直線進行的道路，而是高低起伏、不可預測的，考驗著運動員的韌性跟決心。

提到籃球，很多人的腦海中馬上浮現籃球之神麥可喬丹（Michael Jordan）的身影，這位最有價值的球員，不管是在球場或商場上都經營得可圈可點。但他的籃球生涯也不是一帆風順，初入聯盟時曾經被老球員抵制，後來歷經扣籃落地摔傷被質疑「是否還能飛」的危機插曲，甚至因為對籃球失去熱情突然宣布退休，也遭遇父親被刺殺的創傷，但這些挫折都沒有阻礙他追求卓越。

一場精采的比賽，高超的競爭者懂得在競爭中合作，競爭與合作是相輔相成的，雙方盡力在比賽中追求卓越，激發彼此最大潛力。對運動員而言，成功的起跑點是熱愛比賽、享受學習的過程、熟練困難的比賽技巧、開心參與競賽、對努力達到目標有榮譽感。

「追求卓越」還能夠幫助我們突破限制。對所有運動員而言，年齡都是不可逆的限制，無論是天賦再高的運動員都必須接受這個現實。然而，有「三分球王子」稱號的NBA球星安德烈英格拉姆（Andre Ingram）卻打破這個限制。他在NBA發展聯盟奮戰十年之後，終於在三十二歲高齡時成為湖人隊的一員，連媒體都形容他「追求卓越」的故事可以寫成劇本，拍成勵志電影。

教練盧克華頓（Luke Walton）看著他一路奮戰，非常肯定英格拉姆的精神，教練告訴全世界的球迷：英格拉姆能夠激勵我們的球員，以及所有的運動迷，他只是專注於自己的訓練，並且爭取到機會，接著發揮實力，奮鬥的過程適用於我們每一個人。

在電視上看到英格拉姆滿臉笑容地感謝教練的時候，我真的覺得他擁有強健的心理肌力。

Let's GO!
向運動員學習不斷超越

其實不只是運動員，任何領域的菁英都一樣，成功不是結果，而是一個旅程；成功不只是贏得比賽，而是不斷地進步。因此，努力學習與追求進步才是根本之道，獲勝只是卓越的附帶結果。

追求卓越的過程中，自我覺察（self-awareness）的敏銳度很重要，了解自己可以幫助我們加快學習，增進技巧融會貫通速度，提升成功率。想要增進自我覺察的敏銳度，不妨常常思考自己的價值觀，觀察自己的想法和行為。

你的價值觀和行為一致嗎？

有沒有想的和做的不一樣？

行為有沒有偏離常軌？

有沒有覺得別人的提醒很刺耳？

有沒有一直在為自己辯護？

面對無數選擇時，倘若能忠於自己的價值觀，那麼在做決定時，價值觀就會幫助我們排出優先順序，清楚什麼對自己是最重要的，更快做出與價值觀一致的決定。

諮商的時候，我很常聽到當事人懊惱地說：「很後悔當時沒有忠於自己的價值觀，現在選擇的生活並不是自己想要的。」

被別人的價值觀牽著鼻子走，會讓我們感覺不到自己存在的價值。可是，當我們的行為偏離常軌時，則會覺得別人的提醒特別刺耳，然後不斷為自己辯護。如何區辨這兩者的差別，可說是幸福與否的關鍵。

做好「心理能量管理」減少身心耗損

我們的心理能量是會流動的，如果心理能量流動到焦慮不安，害怕輸掉比賽，那就沒有能量流動到專注練習。如果心理能量流動到自責懊惱，就很容易因為過度練習而受傷。

運動員成名前與成名後，心理能量流動的方向也會改變。有些明星運動員的能量會流動到外務活動，自然就會排擠練習的時間。有些運動員的能量流動到如何成為全場注目的焦點，難免會分心、沒辦法專注於比賽。

倘若運動員的心理能量流動到忌妒，就會陷入比較的漩渦裡，靠著不平和憤怒的情緒驅動自己贏得比賽。心理能量的耗損，往往不會在當下立即顯現，而是會慢慢失去動能。

Let's GO!

向運動員學習管理心理能量

無論是演講、課程、心理諮商，我常常發現很多人的心理能量都流動到擔心、焦慮、煩惱，而沒有流動到此時此刻正在進行的事情上面。要知道自己心理能量流動的方向，可以檢查下面這四個心理需求。

第一個心理需求：是否擁有樂趣，感覺潛能被激發？

第二個心理需求：是否感覺被團隊接納？擁有歸屬感？

第三個心理需求：是否同時擁有控制力及自主性？

第四個心理需求：是否感覺自己是有能力的？充滿能量的？

做好「心理能量管理」，既可讓我們的潛能做最大發揮，同時還能擁有身心舒暢、心情愉快、精神飽滿的能量。

04 讓心理能量流動到對的地方

童年時代的四大行動目標

很多人生涯發展不順利，是因為心理能量放錯地方。把心理能量放在抗拒的人，就沒有能量流動到學習改變；心理能量流動到焦慮的人，便沒有能量流動到改變情境。

心理能量放錯地方的人，通常是起源於童年時代設定了四大行動目標。

努力獲取別人注意（attention getting）

努力獲取注意的人在被別人責備、糾正行為後，偏差行為依然不斷出現。這個時候，可以覺察一下，被責備的感受是什麼？可以幫助我們辨識行為背後的目的。通常渴望被注意的人會出現下面這四種行為模式：

一種是「主動而有建設性」的行為：譬如，努力當模範學生，透過良好的口才受人歡迎。

一種是「主動而有破壞性」的行為：譬如，愛出風頭，特別求表現，浮躁不安的行為。

一種是「被動而有建設性」的行為：譬如，常會出現很多黏人的動作或行為，或是過度虛榮自負。

一種是「被動而有破壞性」的行為：譬如，個性害羞依賴，外表不修篇幅，缺乏專注力，做事情常常半途而廢，過度自我放縱，言行輕浮，內心焦慮害怕，有時會有飲食問題，口語表達障礙。

想知道自己的心理能量是否流動到渴望被注意？其實很容易判斷，不妨觀察一下，自己做事情的重心，放在引人注意，還是默默把事情做好？做好之後，如果沒有得到誇獎稱讚，自己會覺得不被重視嗎？

倘若答案是需要被別人看見，無法默默耕耘，就代表內心渴望被人注意。

重新設定能量方向

當我們運用不適當的方式來獲取別人注意的時候，可以運用「鼓勵技術」（encouragement）來轉變行為，看到自己行為背後的意義，給努力付出的自己多一點鼓勵。

努力尋求權力（power struggle）

努力尋求權力的人常會出現的行為模式是，喜歡反對跟抗議，倔強不服從，常常發脾氣，別人很難預測他的行為，偏愛不受拘束的感覺。

工作的時候，尋求權力的人常會忍不住跳出來強調：「某某人做不好，我能不管嗎？」「我怎麼可以不出來救火，放任大家亂搞？」「這麼重要的事情怎麼可以不先跟我討論？」

如果爭取不到自己想要的權力與支配，就很容易感到憤怒。特別是被別人訓斥時，在心理上會想要奪回權力，渴望掌控、支配，照著自己的方式做，或是證明別人管不到自己。

Let's GO!

重新設定能量方向

想要爭取權力時，避免跟別人做權力的拔河，需要清楚知道採取奪權行為後會發生什麼後果，讓自己選擇做法，並且承擔後果，用正向的方式享有掌控感。

採取報復行動（revenge）

採取報復的人多半內心深受傷害，期望別人了解自己內心的挫敗感。總是認為「成績好，父母才會愛我」，出社會後老是覺得「我要有成就，賺很多錢，別人才會看得起我」，產生很多扭曲負向的想法，反映於外在的行為，會採取反擊、報復來獲得權力感。常見的行為模式是有暴力傾向，對別人沒有同理心，想要為自己討回公道。

事實上，很多社會案件的加害者都是屬於報復者，偏差行為的背後都隱藏著溝通問題，以及無法消除的挫敗感。渴望別人無條件積極關懷自己，如果感覺別人不喜歡自己，也感受不到自己的權力，就會想讓別人體會被傷害的滋味。

曾經在台灣造成重大傷亡的捷運隨機殺人事件，引發社會大眾極度的恐懼，大家都想要知道鄭捷的犯案動機、心理狀態，是什麼樣的成長環境讓他成為任意殺害陌生人的施暴者，對受害者是誰則完全不在乎。

翻開高等法院關於鄭捷的宣示裁判新聞稿，試著找出暴力行為的形成因子，可以發現下面這些線索：「國小時期之鄭捷並非行為偏激或思想怪異之學生，惟於國小五、六年級之某次音樂課，鄭捷因不會吹奏直笛而亂吹奏，鄰座女同學向老師反應，老師當眾要求鄭捷向該名女同學道歉，使鄭捷感覺遭受傷害；又國小時期之男、女同學相處，偶有對立、打鬧情形，另名女同學常出面與鄭捷對抗，亦使鄭捷自覺受到傷害，鄭捷因而立下殺死該2名女同學報復之誓言。

國中導師對學生期許甚高且管教嚴格，使鄭捷自認受到不公平對待，竟心存刺殺老師的念頭，隨身攜帶美工刀長達1個月之久，又○姓國中同學曾多次辱罵並以噴劑噴鄭捷眼睛，鄭捷為回應○姓同學挑釁，竟持安全剪刀戳○姓同學，國中導師要求鄭捷悔過，往後其面對挫折、壓力，經常以殺人之意向或念頭作為宣洩之方式，轉而以將來可以殺人作為長期因應忍耐挫折之策略，反覆發生殺人之意向或念頭，同時使得殺人之思考模式受到強化，因鄭捷與該2名國小女同學久未聯絡，無法得知該2名國小女同學之下落，其具有不在乎社會規範及以自我為中心之反社會、自戀之人格特質，不成熟、常有標新立異之舉，對於他人遭遇之同理心較為欠缺，認為世界是虛無、人生無意義，傾向悲觀，對於應付人生之事覺得麻煩等之特殊世界觀等特質。」

從高等法院的新聞稿中可以發現，當鄭捷感覺受傷的時候，他選擇採取報復行動來讓自己好過一點，雖然他當時沒有立即行動，卻在多年之後，遭遇某個挫折事件時，把憤怒敵意的情緒，遷怒到無辜的民眾身上。

記得當時有一群擔憂孩子的父母默默來諮商，他們覺得自己的孩子跟鄭捷一樣喜歡玩暴力電玩，不僅叛逆的樣子，連厭世的表情也很類似，非常害怕孩子會做出父母無法承受的事情。同一時間，我認識不少心理師在做諮商的時候，都遇到認同鄭捷的當事人，他們明白鄭捷的心理感受，也了解鄭捷為什麼會這樣做。

想要避免悲劇再度重演，最重要的是，發現憤怒情緒轉到採取報復行動時，需要及時轉到正向的情緒。

LET'S GO! 重新設定能量方向

要改變一個人設定的錯誤目標，從採取報復行動，轉成建設性行動，需要重新跟周遭的人建立關係，拉近人與人的距離，感受別人的關心，累積成功經驗，才能降低內心的挫折感。

表現無能（display of inadequacy）

希望別人對自己不要抱任何期望，內心常會覺得自己很沒有用，拒絕與外界接觸，表現在行為上會很懶惰，個性被動，有些人也會用暴力來隱藏內心的無能感。

諮商的過程中我發現，有些家長會無意識跟孩子強調：「你好可憐喔！」或是不斷跟孩子說：「我對你沒有什麼期望，你只要長大就好。」但是當孩子慢慢長大，又會擔心的跟孩子說：「我們老了，沒有辦法照顧你一輩子，你只要養活自己就好了。」

這些語言表面上好像是避免給孩子壓力，實際上卻會讓我們覺得消極無力。當我們自覺「好可憐」、「沒期望」、「沒有能力照顧別人」，就會什麼也不做，迴避面對事情，表現得消極無能。

Let's GO!

重新設定能量方向

不要覺得自己很可憐，多安排讓自己產生一點點成就感的活動，跟別人一起討論解決事情的方式，讓自己產生價值感。

做做忽略檢查表

日常生活中，如果常會碰到過不去的關卡，或老是出現相同的困擾，或是言語裡經常出現「這沒有用」、「那沒有用」的話，就表示自己可能忽略一些重要訊息，不妨花點時間做做下面這張「忽略檢查表」。

- 是否忽略有效可行的辦法？
  是□　　　否□
- 是否忽略可以使用的資源？
  是□　　　否□
- 是否忽略此時此刻的狀態？
  是□　　　否□
- 是否忽略別人做過的努力？
  是□　　　否□
- 是否忽略別人現在的改變？
  是□　　　否□
- 是否忽略別人的感受？
  是□　　　否□
- 是否忽略自己擁有的能力？
  是□　　　否□

▨ 協助自己理出頭緒的具體問句

想要走進自己的內心世界，理出清楚的頭緒，有時候從小小的地方開始，從生活中的某個片刻想起，反而會有意外的收穫。

- 如果自己願意去面對問題，忽略的地方可能是……
- 之前需要注意的地方可能是……
- 回顧過去，自己的感受與想法是……
- 能做哪些事情讓自己對狀況更清楚一點？
- 有時候混亂也是有好處的，如果知道的話，「混亂」對自己的好處是什麼？
- 想像一下，如果有人能用不同的方式解決問題，會是什麼方法？
- 自己沒有做的選擇可能是什麼？
- 如果自己已經做了平常該做的事情，但問題還是無法解決，或是目標還是無法達成，下一步會是什麼？

試著在每個問句中加上「可能」兩個字，會讓問句比較不具威脅性，以更開放的心態面對自己沒有注意到的地方。

發覺自己離想要的目標越來越遠時，不妨檢查一下，心理能量是否流動到沒有幫助的地方，如果有的話，就調整一下流動的方向。此外，也可以做做「忽略檢查表」，看看有沒有自己一直忽略的地方，再用「理清頭緒的問句」協助自己找到可行又有效的方法。

05 將「自己的」和「他人的」課題切割開來

諮商的過程中常常會看到，很多人發展不順利，是因為無法消除心中不甘心的情緒。如果心中有個讓人不平衡到難以原諒的對象，整個頭腦都會被這個人的事情所占滿。不少人想到主管提出的不合理要求，明明自己沒有犯錯，卻被迫離職，還被貼上不適任、不配合的標籤，內心的委屈情緒如同野火般一發不可收拾。或是莫名代人受過，別人把過錯推到自己身上，眾人還不明就理胡亂指責；做事情的人被檢討，不做事情的人反而升遷，不知如何才能讓自己的情緒平復下來。或是被信任的人背叛，強力撞擊心靈，讓情緒陷入極端震盪，既生氣對方，也生氣自己怎麼如此不會看人，連人性好壞都分辨不清。

覺察一下自己的注意力，是否被憤怒的情緒淹沒，讓自己沒有心思計劃任何事情？不妨問問自己：何以會對這個人或這件事情如此耿耿於懷呢？

若不想被別人的惡言惡行困住，可以試試下面的步驟。

▨第一步‧移除「這個人或這件事情」對自己的重要性。

當我們輕忽自己，內心就很容易受到傷害，在人際關係上也會飽受煎熬。心靈受苦的人，多半很在意別人的評價，任何人的評價都很介意。同樣一句話，有人認為無傷大雅；也有人會介意到輾轉難眠。

舉例來說，聽到別人說：「這你應該想到的，為什麼沒有想到？」就會不斷反省：「為什麼自己會沒有想到？」

聽到別人說：「你真的很麻煩。」就會反覆咀嚼：「這句話是什麼意思？我哪裡麻煩？他何以要這樣說我？」越想越難過。

聽到別人說：「每個人做好份內的事情，你不要影響別人。」就會產生：「自己沒用、不夠好」的挫折感。

聽到別人說：「你用點頭腦思考。」就會覺得：「對方是否暗示自己是個笨蛋？」對自己產生負面觀感。

想要降低別人對自己的負向影響，需要產生「原諒的力量」。原諒對方，並不是為了對方，而是為了自己。

第二步：覺察受壓抑的怒氣，並且找到出口。

受壓抑的怒氣沒有妥善處理，情緒就會一直停在不安、憤怒、絕望的狀態中。而且，這股發不出去的怒氣還會回過頭來折磨自己，有時讓我們焦急慌亂，有時讓我們膽怯順從，有時讓我們身體不適，更會嚴重干擾睡眠。

非常多人對主管的不滿情緒，已經滿到心悸胸悶的程度，想到主管只會挑剔不會做事，只會搶功沒有本事，只會飆罵沒有建設，就會渾身發抖不舒服。

所以，倘若連續幾晚都無法安穩入睡，不妨先覺察一下：自己心中是否累積過多的憤怒情緒？深藏在潛意識的怒氣，很多是為了人際關係圓滿，勉強自己妥協時所產生的。由於不想跟對方起衝突，只好壓抑怒火。當怒氣被趕到潛意識，常常會轉成憂鬱的情緒。

睡不著的時候，可以問問自己：自己現在到底在生什麼氣？對自己的怒氣是什麼？吐露憤怒的情緒，對自己和別人坦率，一方面可以抒解情緒，另一方面也可以增加自我能量。一旦釋放了生氣憤怒的情緒，連帶的，也釋放了憂鬱、焦慮、痛苦、壓抑的感受。

▨ 第三步：當我們不再害怕得罪別人或被人討厭，可以用「正向情緒表達法」直接表達出心中不滿的感受。

「正向情緒表達法」的步驟是：先以不帶情緒、不批判的方式把事情的來龍去脈簡單描述清楚，再明白告知對方自己的感覺，然後明確告訴對方：希望對方做什麼比較好。

譬如說，很多人都會遇到「詢問事情時不回覆別人，事後卻責備別人思慮不周到」的人，這個時候，就需要先把整個過程說明清楚，在什麼時間把什麼訊息傳給對方，卻沒有下文。當再度詢問時，得到的回覆又是：「還需要一點時間」，由於時間緊迫，自己需要先做決定，如果對方覺得「思慮不周到」，希望對方可以在截止期限前給「思慮周到」的建議，相信會很有幫助。如果事後才說「思慮不周到」，會覺得有點委屈。

「自我表達」對消化情緒是很重要的，讓對方理解自己的難過，委屈的情緒才能得到平衡。當情緒獲得抒解，煩惱才能慢慢遞減。

▨第四步：把注意力從不甘心移向快樂的經驗。

很多內心充滿不甘心的當事人，注意力都放在「對方不能讓我得到什麼」上面：「我今天會這樣，都是對方造成的」，或是「如果不是對方，事情也不會這樣發展」，或是「都是因為對方拖住我，讓我無法追求自己想要的人生」。

想要改變人生的腳本，就要轉移注意力：把注意力從不甘心移向快樂的經驗。寫下自己所擁有的幸福，可以幫助我們不被負向情緒困住。

想要鍛鍊強健的心理肌力，學習消化負向情緒，是很重要的一步。透過自我實現與主動學習，來消除內心的不甘與怒氣，當我們充滿能量，既能斬斷束縛，更能把心理能量流動到自己想做的事情上面。

06

放不下工作的人，會不自覺耗損心理能量

我們每個人的個性不同，心理負擔也不一樣。放不下工作的人，不僅晚上睡不好，工作時也很容易感到焦慮恐慌，事實上，問題不在工作量，而在心態。做好工作，目的是為了獲得別人的讚賞；期望別人對自己另眼相看，就會不斷擔心自己表現不好。

個性憂鬱的人，大都沒有辦法留下尚未完成的工作，會時刻掛心尚未完成的工作，通常自我要求高，如果無法達成自我要求，便會自我責備。

「非如此不可」的人，則很容易感到疲累，為了消除疲累，就會想讓自己趕快休息睡覺，拼命想讓自己睡著，結果越努力越認真，就越睡不著。

渴望獲得更多的人，往往喜歡追求效率，不喜歡浪費時間，沒有辦法無所事事，他們重視結果而不關心過程。

由於放不下工作的人對壓力的容忍性很強，所以，他們往往都在心理能量耗光的狀態下，才意識到需要調整心態。

協助自己轉換焦慮性想法

放不下工作的人多半也有焦慮性的想法，所以，諮商過程中，我很常幫當事人確認是否有下面這些焦慮性想法：

- 自己是否有認同的需求，總是擔心別人怎麼看待自己？
  是□　　　　否□
- 大部分時候都活在未來，每件事情都做最壞的打算與預期？
  是□　　　　否□
- 會誇大負面的事情，經常會感受到焦慮的情緒？
  是□　　　　否□
- 抱持完美主義，任何一點小錯誤都代表徹底失敗？
  是□　　　　否□
- 擁有固執的想法，會堅持某些想法，不肯做任何調整？
  是□　　　　否□

「是」越多就代表你很容易陷入焦慮性想法中，不自覺耗損心理能量。

帶領當事人降低焦慮的過程中，我發現有一個方法用來轉化焦慮性想法效果最好，就是詢問當事人，如果有朋友或認識的人跟他有同樣的狀況，他會如何給對方建議？幾乎每個人都能馬上想到答案，奇妙的是，當自己身陷其中時，就無法調整想法。跳出來，從別人的角度思考，就能帶領自己從焦慮性想法中脫困。

07 鍛鍊撐過險境的內在勇氣

評估內在勇氣

心理學大師阿德勒在自我探索的過程中發現：不凡的成就常常來自「勇於克服阻礙」，而非天生的才能。所以，當我們覺得自己能力不夠時，努力充實自己、鍛鍊能力，更可能造就不凡的成就。

勇氣有助於我們鍛鍊撐過險境的心理肌力（psychological muscle），同時謹慎評估環境風險，而非不切實際的樂觀主義。

是增加勇氣？還是增加恐懼？

無論在台灣或大陸，都可以看到很多「開發潛能」的課程，特別是針對兒童，更是有各式各樣的潛能開發課程。從心理專業的角度來看這些課程，有些真的會讓人感到憂心。

像之前在台灣有讓兒童練習吞火的課程，強調可以鍛鍊孩子的勇氣。當孩子通過活動，表面上看起來好像很勇敢的樣子，但事實上，孩子的內心可能累積大量的恐懼，甚至有些孩子因此產生創傷後壓力症候群。

另外，還有些「開發潛能」的課程不斷灌輸「我一定要成功」的信念，短時間內似乎很有激勵效果，但時間一拉長，「一定要」的信念反而會降低我們的「挫折容忍力」，讓我們無法接受事情跟自己預期的不同，引發各種身心症狀。

這些課程帶來的心理影響，往往不會在當下立即顯現，而會在長大成人之後逐漸發酵，無聲無息地影響我們的心理強度。

我發現有些害怕犯錯的人，肇因於小時候學鋼琴的痛苦經驗，一彈錯就會被老師打手指，經年累月下來，對於犯錯總是提心吊膽，潛意識避免讓自己去做任何可能會被處罰的事情。

很多人認為，體罰可以規範行為、激勵學習，但從心理健康的觀點來看，體罰只會增加內心的恐懼感、打擊我們的自信心、降低我們的自尊心。所以，無論處罰或恐懼，都無法讓我們產生智慧，積極與人合作，做出適當的抉擇。

如何評估自己的「內在勇氣」？

進行「員工心理諮商與輔導」的過程中發現，工作時面臨突發狀況，已經不是偶發狀況，而是常態情形。面對這樣的工作環境，最重要的是能夠自我激勵，以及引發內在的動機，才能在彈性生涯時代把握機會，創造更多的可能性。

要檢測自己是不是心理健康，擁有足夠的「工作勇氣」？可以透過下面這些問句，了解自己的內在勇氣。

「是」越多，就代表你越具有充沛的「內在勇氣」，生存、適應的能力越強。事實上，工作不只是賺取薪水這麼單純，工作的過程中，你常會跟「內在的自我」對話；如果你常常感嘆自己為五斗米折腰，就代表你沒有找到工作的價值與意義，才會產生空虛感，老是有莫名的憂鬱感。

評估你的內在勇氣

- 當工作或生活遭遇挫折時，能夠產生內在力量，負起自我責任。
  是□　　　否□
- 在工作的過程中，可以看到自己的成長軌跡，以及進步的地方。
  是□　　　否□
- 充分了解自己的專業能力，也能掌握自己的生涯優勢。
  是□　　　否□
- 樂於接受工作挑戰，同時也能夠享受工作帶來的成就感。
  是□　　　否□
- 重視自己對公司、團隊、周遭的人的貢獻度。
  是□　　　否□
- 工作的過程中常常會自我激勵。
  是□　　　否□
- 遇到工作瓶頸時，會重新思考工作的意義。
  是□　　　否□
- 對未來充滿好奇心，會想探索自己的潛能。
  是□　　　否□

評估勇氣的指標

從我們對「自己跟別人的信任程度」，以及「社會興趣」的多寡，也可以評估我們的勇氣強度，以及心理健康的狀況。

「社會興趣」是一種跟別人連結的感受與能力，擁有社會興趣的人，才能有利己與利人的行為。事實上，我們所有的行為目的都是為了獲得歸屬感，並且感覺自己的重要性。因此，具有社會興趣的人，在人生的三大任務：工作、友誼及親密關係中都會做出有利社會（social usefulness）的行為，必然擁有健康的身心。

我們可以從兩方面探索社會興趣，一個是合作度（cooperation），一個是貢獻度（contribution）。

工作是展現自我的舞台，不但可以達到生活目標，更能獲得歸屬感、優越感。勇氣幫助我們以「合作接納」、「參與貢獻」的方式來克服困難。也因此，擁有社會情懷的人比較容易提升生涯滿意度。面對突發事件時，不妨引導自己，看清事實是什麼，知道自己要做什麼，自然能把「變動」轉化為「機會」。

在我認識的人中，擁有最強韌的心理肌力（psychological muscle），莫過於冰冰姐（白冰冰），她經歷人世間最殘暴的創傷事件，光是要回歸生活正軌，就非常艱難了，而她卻能夠同理關懷犯罪被害人，持續關心打擊犯罪的警方需求，寫出《可以哭，別認輸：白冰冰逆流而上的頑張哲學》一書，以實際行動推廣生命教育。

我和冰冰姐有一個共同的朋友群組，每當她看到社會上有需要協助的地方，就會立即化為具體行動，看看有什麼可以做的，邀請大家一起行動。但同時，她也會分享生氣、難過的情緒，讓大家知道她的狀態。冰冰姐最令人感動的，就是對生命的熱忱，真實呈現自己的感受、想法，即使經歷創傷苦痛，依然能夠關懷社會，並且自我實現。

失敗時肯定自己的努力

心理諮商的歷程，就是引導當事人找到阻礙勇氣的根源，然後搬開這些阻礙，讓當事人自己克服困難。要增強克服困難的能力，重要的是，在失敗時能夠肯定自己的努力，而不單是在成功時讚美傑出的表現。

做諮商最大的收穫是，看見當事人面對生命的難關，經歷挫折、失落、生病等痛苦時刻，心中有改變的勇氣，內在產生源源不絕的能量，進而安頓自己的身心。諮商心理師就是陪伴當事人理出頭緒，覺察自我心理成長歷程，走一趟豐富感動的心靈旅程。

培養「改變的勇氣」的具體步驟

在陪伴當事人改變的過程中，我整理出培養「改變的勇氣」的具體步驟：

改變第一步：接納「現在的自己」。

很多人習慣「小看自己」，常常會打擊自己：「我大概做不到」、「事情沒有那麼簡單」、「我不適合做這個」。

當這些打擊自己的聲音出現時，試著用溫暖、同理的態度對待自己，不苛責、不批判自己。「不批判」是以「不傷害」為原則，當自己或別人沒有達到設定的目標時，先不批判，因為無論是苛責自己或別人，都違反了「不傷害」原則。

改變第二步：增加改變的勇氣。

做生涯諮商的時候，常常會碰到「害怕捨棄現有的生活方式」的人，習慣用發脾氣、責罵下屬來達到目標的主管，彷彿如果不罵人就不會帶人了。

所以，學習用不同的方式，應對現在的情境，而且得到更好的效果，這就是「改變」。勇於「捨棄現有的方式」就是最好的「改變」。在面對相似的情境時，試著用不同的方式處理，看看會產生什麼變化，自然就會增加改變的勇氣。

改變第三步：調整主觀的解讀。

給予過去所發生的事件「新的意義」，會發現情緒馬上轉換，世界立刻不同。如果覺察自己有很多能量都耗在情緒上，譬如說，情緒不好就無法專心工作，情緒不好就失去學習動力，情緒不好便動彈不得，就需要重新調整主觀的解讀。

心理諮商的工作，常常是帶領當事人「換一副看世界的眼鏡」，不同的鏡片會帶來不同的感受與風景。

改變第四步：區分這是「自己的」還是「別人的」課題。

區分這是「自己的」還是「別人的」課題，然後，把「自己的」跟「別人的」課題切割開來，不過度涉入別人的課題。這樣一來，我們可以把能量用於「利他」，而不是用於「控制」。事實上，「熱心幫助別人」跟「切割別人的課題」是可以同時並存的，關鍵在於「尊重別人的選擇」。

很多時候，我們一旦投入時間與情感，就會希望對方接受自己的建議，要是對方有不同的選擇，即會覺得很受傷：「我是為你好，為什麼不聽呢？」

我們花很多時間在說服別人接受自己的想法和做法，卻忽略我們已經把「需要被肯定的心理課題」，強加在別人身上。看清自己的議題，才能找到適合的改變方向，是很重要的。

改變第五步：感受自己的價值感。

什麼能讓你覺得更安全或更有價值感？很多人都覺得是「外在環境」讓我們缺乏「安全感」跟「價值感」。事實上，「安全感」跟「價值感」是沒有辦法從別人身上得到的，解答在自己身上。當我們「相信自己」時，自然會有「價值感」，當我們「質疑自己」時，就會沒有「安全感」。

很多時候，我們之所以會害怕改變，就是因為不相信自己可以做到，如果相信自己可以達成任務，便能充滿勇氣去面對一切改變。

08

如何克服恐懼：藉由「蘇格拉底提問法」來探索自己的「勇氣伸展圈」

彈性生涯時代的特色是，沒有既定的軌道與路徑，每個人都需要運用「生命力」和「自由感」來應對外在環境的變遷，有趣的是，「自由發揮」常常會帶給我們更多的恐懼。我們要「自己摸索」、「自己找答案」、「沒有前例可循」，需要學習運用「創意的力量」想像各種可能的解答。

如何轉化「害怕」的感受？

在企業進行員工心理諮商與輔導的過程中發現，當公司鼓勵員工盡情發揮想像力，給員工機會創造各種可能性時，隨之而來的，員工們不是歡欣鼓舞地享受工作樂趣，而是對未來滿懷擔憂與害怕。

何以會產生這樣的心理？從小到大，我們不是一直期盼公司不要限制我們的發展，給我們自由發揮的空間嗎？當這個時代真的來臨了，何以我們會如此害怕？

為了讓員工有勇氣創新，主管會鼓勵同仁：「不要害怕嘗試」、「盡情在草原奔跑」，但這些鼓勵通常都沒有發揮功效，反而會讓員工覺得「主管只會講沒有用的空話，一點幫助都沒有」。

如果跟主管討論：「可以為同仁做些什麼？」主管就會表示：「我也不知道答案啊，同仁要自己想辦法。」全公司上下充滿了無力感。倘若主管內心焦躁不安到極點，為了立刻降低焦慮，就可能會用高壓的方式，逼迫同仁限時提出解決方案。

事實上，克服「恐懼」的第一步是，願意傾聽「害怕」的聲音，而不是「假裝不怕」。「害怕」背後傳遞的訊息是：不想面對挫折、想要逃避改變、固守舊有模式、試圖掩飾預期中的失敗。

雖然一輩子做同一個工作直到退休的時代已經過去，但還是有很多人想要尋找安全穩定、保證成功的鐵飯碗工作。

當我們可以運用「害怕」來促成「改變」時，「害怕」就會從「負向情緒」轉成「正向思考」。

如何轉化「害怕」的感受？可以藉由「蘇格拉底提問法」來拓展自己的「勇氣伸展圈」，它介於舒適圈（comfort zone）與恐慌圈（panic zone）之間的安全地區。

▨拓展「勇氣伸展圈」

走進內心深處，體會一下：自己最不想面對的恐懼是什麼？

回顧自己的彈性生涯，我覺得自己最難面對的恐懼是「不確定感」，雖然有些合作夥伴是固定的，但是工作內容全部都不確定，每個星期的行程都在變動中，每個月會發生什麼事情都不能掌握，每一年會變成什麼樣子都不可預測。

加上我的彈性生涯中，曾發生過所有工作在同一個時間結束的經驗，所以，每當有工作無預警的結束時，就會啟動我對未知的害怕，擔心這是不是一個警訊？會不會啟動一連串的骨牌效應？

為了克服對「不確定感」的恐懼，我拓展「勇氣伸展圈」的方式是，有空檔就去上課，讓自己接受「繼續教育」。這個方法不僅有效克服恐懼，也給我很多靈感啟示，讓我有機會從不同的角度，重新審視生涯發展狀況。

另一個降低「不確定感」的方法是，培養固定合作的夥伴，透過跟夥伴討論，也能幫我開發新的可能性。幾乎每一年我都會增加一些新的工作內容，不會每年都做一模一樣的工作。

其實運動員、演藝工作者、創業者、自由工作者，都是屬於「彈性生涯模式」，也會產生類似的恐懼不確定心理。例如，運動員最害怕在運動技能處於顛峰的時候受傷，非但要承受身體的痛苦，更要經歷心理衝擊，害怕無法恢復原本的水準，擔憂失去優渥的收入。

連心理肌力非常強壯的大聯盟投手王建民，都曾經對外表示：「在受傷時期你每天都要做一樣的東西，那是很難的事。」

演藝工作者則是害怕不紅了，失去群眾魅力。

當內心充滿恐懼的時候，我們會不想看到什麼？不想聽到什麼？不想說什麼？一旦內心有「不想面對的事物」，就會極力避免，慌張地打亂內心的平靜，以及進行的步調。

不少頂尖運動員會為了盡快回到運動場上，就急著想要馬上投入訓練活動，導致在復健的過程中，忍不住跟醫護人員發生爭執。但若沒有完全復原，過度求好心切，反而更容易導致運動傷害。很多演藝人員之所以會積極發展副業，也是因為群眾魅力不在自己的掌控範圍內，渴望擁有自己可以掌握的事業。

我看過很多人在極度焦慮狀況下做出決定，事後都會懊惱，發現那不是自己真正想要的。然而，即使如此，我們還是可以經由每一次的選擇，更了解自己一點點。

彈性生涯時代要如何做好自我準備？

彈性生涯時代要做好哪些自我準備？從演藝工作者、運動員、企業家的身上，可以找到不少線索，特別是常青樹型的英雄楷模，可以得到許多養分。

不妨問問自己：「在成長過程中，自己最仰慕的英雄楷模是誰？」這個對象可以是名人，可以是電影小說中的人物，也可以是認識的親朋好友。

譬如說，我很欣賞國際導演李安、演藝圈的小燕姐、運動界的王建民、舞蹈界的許芳宜。列出我自己欣賞的英雄楷模，我發現共同的特質都是：擁有專業熱情，在自己的領域裡長期努力，不斷地做好自主訓練，在情緒上沉穩平靜，清楚知道自己的方向，不會輕易搖擺不定。

想一想：「這個人物對自己的影響是什麼？」

這些英雄楷模會反映出我們認同的人格優點，我們會採用跟崇拜楷模類似的方法來解決問題。因此，我很珍惜錄影的機會，可以跟自己心目中英雄楷模近距離接觸，感受真實的生命熱度。

彈性生涯時代，倘若沒有做好自我管理、自主訓練，很多人都會在焦躁不安的狀況下，轉移注意力去打電動、玩手遊，一不小心就有成癮症，不只會原地打轉繞圈圈，更會讓自己向下沉淪，耗損大量心理能量。

另一個在彈性生涯時代需要做好的心理準備是，面對周遭親戚朋友們的好心建議，或是各種閒言閒語時，要如何鍛鍊強健的心理肌力，讓自己不被雜音影響？

這不是個能夠簡單應對的狀況。因為彈性生涯時代，大部分的努力成果都不是一時之間就可以呈現出來，這個時候，假如親人不斷質疑：「為什麼你不那樣做？」或是認為：「你應該這樣做才對。」甚至覺得：「你太天真了，那樣做不會成功的。」真的會把我們滿腔的熱情澆熄，開始對自己的抉擇失去信心，興起還是乖乖走回原路的念頭。

我自己力抗閒言閒語的心法是，透過「蘇格拉底提問法」引發內在的動力，堅定自己的主張。

引發內在動力的「蘇格拉底提問法」

下面這些「蘇格拉底提問法」可以幫助我們跟自己的內在心靈對話，答案越開放越好。

蘇格拉底提問法

- 曾經感覺自己的天賦所在嗎？那是什麼感覺？

- 會如何運用自己的天賦？做什麼事情最勝任愉快？

- 自己最引以為榮的事情或成就是什麼？

- 現在的工作可以給自己的人生什麼答案嗎？

- 傾聽內心及周遭的聲音：目前有什麼事情正在呼喚自己去進行嗎？

- 感覺一下：什麼類型的人們或團體最觸動自己的心靈？

成為諮商心理師之後，我最痛苦的事情就是，上節目要我分享當事人的故事，寫文章要我呈現當事人的經歷。我必須力抗這些建議，我很清楚大家喜歡聆聽別人的故事，講故事比講道理更容易被接受，但我更重視專業的倫理，要如何兼顧兩者？跟自己的心靈對話後，我找到一個平衡點，我想讓大家了解的是「心理狀況」，我們每個人在同樣狀況下都會有類似的感受想法，我想要分享處於這些「心理狀況」下，做什麼對自己比較有幫助，至於故事寫得精不精采、吸不吸引人，已經不是我最主要的考量。

心理諮商中的阿德勒學派有各種不同功能的「蘇格拉底提問法」，我常常用來刺激思考的方向，幫助自己和當事人從不同的角度看事情，既能避免固著，也能堅定自己的抉擇。

特別是眼前有兩條路可以選擇的時候，我們很容易出現認知失調的狀況，選了A路線，一旦有不符合預期的事情發生，我們就會懊惱，當初應該選B才對；反之，若是選了B路線，一旦有不合心意的事情出現，我們也會悔不當初，自責早知道應該選A才對。

在彈性生涯時代，條條大路都可能通往夢想之路，走錯路有走錯路的學習，繞遠路有繞遠路的意外收穫。只要懂得將「恐懼」轉化為有建設性的行動，就能引導自己達成生命的目標。

09

找到自己的心理成功公式

了解自己的生命風格，亦即行動方向、情緒類型、思考的風格，可以幫助我們在彈性生涯時代發揮自我功能，進而不斷創造新的生存方式，以及找到調適心態的方法。

每個人都擁有不同的「人格特質」。「人格特質」指的是我們處理事情的策略，以及求取成功的公式（success formula）。

當我們信任自己時，就不會自我懷疑。當我們依照自己的獨特長處、天賦才能、興趣嗜好來發展時，最有可能取得成功。因為「內在的動力」比「外在的推力」，更能引發我們深層的動機。

了解自我的「蘇格拉底提問法」

渴望自我實現、想要感受自己的價值感，這個時候，就需要進行一場蘇格拉底對話，為自己的生涯理出頭緒。

使用「蘇格拉底提問法」的基本原則是，盡量用「是誰、是什麼、在哪裡、何時、如何」的問句，避免詢問「為什麼」。

提問：

- 關於那件事情，體會一下：自己的感受是什麼？

感受：

- 當你想到這件事情的時候，會有什麼感受？
- 用一個形容詞敘述自己的感受像什麼？
- 或是用一個比喻形容一下你的感受？
- 覺察一下：身體的哪個部位對這個感受會有反應？同時覺察身體感應到什麼？

感受的背後隱藏著我們的想法，可以幫助我們快速自我覺察。

選擇：

- 你歸納的這個結論是如何來的？
- 在眾多的可能性中，是什麼讓你決定這樣做？
- 關於這件事情，你最關心、在意的是什麼？

生涯就是一連串的選擇，了解自己選擇的歷程，人生比較不會陷入懊悔中。

關鍵點：

- 就像電影倒帶般，回顧一下：事情發生的過程中，哪個畫面讓你印象最深刻？
- 這個畫面有什麼特別的涵意嗎？

找到事件的關鍵點，不僅可以幫助我們學到經驗，更能找到問題的解答。

整理：

- 思考一下：現在你可以清楚了解事情的來龍去脈嗎？
- 事情從開始、過程到結束，是如何進行的？最後如何告一段落？

常常整理事情的來龍去脈，可以幫助我們頭腦清楚，理出人生的頭緒。

做決定的過程：

- 過往曾經做過什麼重大決定嗎？
- 對於當時所做的決定，能夠清楚知道，這個決定如何做出來的嗎？
- 跳出來觀察一下：自己做決定時通常會考慮哪些因素？

每個決定的背後，或多或少都反映出我們的價值觀，都是有意義的。

內心的決定：

- 有沒有曾經在心裡暗暗告訴自己：我以後一定要做到什麼？
- 或是曾下定決心：我絕對不要變成什麼樣的人？絕對不要讓什麼事情發生？

這些內心的決定，常常跟我們小時候的經驗有關，在我們的潛意識中，小時候的決定，往往會指引我們未來的行動方向。

猶豫不決的時候：

- 如果這樣做，預估會發生什麼事情？
- 倘若不這樣做，會出現什麼狀況？

- 萬一決定的發展跟預期的結果不同的時候，會如何面對呢？
- 回想一下，上一次陷入猶豫不決是什麼狀況？
- 最後如何下定決心做選擇？
- 如果有朋友跟你一樣猶豫不決，你會給他什麼建議呢？

猶豫不決的人通常很怕錯誤，試圖做出一個「絕對不會出錯」的決定，才會花這麼多時間做決定。

回顧自我的轉型之旅

以上這些問句，曾經幫我找到轉型之路，摸索出自己的成功方向。

回顧我自己的轉型之路，就像打開心靈的窗子。每當心裡覺得鬱悶難安，就想推開窗子，呼吸一下新鮮的空氣。每當生活出現瓶頸，就想推開窗子，尋找心靈的答案，了解自己到底哪裡不對勁。

人生第一次轉型，是在我大學畢業，即將進入社會的時候。當時由於唸的是大家眼中「最沒有前途」的中文系，為了找到未來的方向，希望不要嚐到「畢業即失業」的痛苦，我非常努力的「自我分析」一一列出自己個性的優缺點、特徵喜好，再參考各種職業需要的條件，然後天真地認為自己最適合走大眾傳播的路。

為了從「中文系」轉型到「新聞界」，我非常認真地去到各大專院校的新聞科系旁聽，滿懷熱情地請教表現優異的新聞界前輩，積極主動地跟相關人士推銷自己的理想抱負。

大四的時候，我進入商工日報的專題小組，開始我的記者生涯。由於之前的專題經驗，畢業後我順利應徵進入新女性雜誌。第二次的生涯轉型，是在我臨危受命，當上雜誌主編的時候。當時的我才剛踏出社會一年多，歷練不豐、能力不足，沒想到卻碰上總編輯罹患癌症的突發狀況。

剛接下主管任務不久，我便發現自己需要快速成長，當時我才二十三歲，其他部門的同仁從三十歲到六十歲都有，該如何取得元老級員工的信任呢？該如何指揮各部門的員工一起合作呢？該如何掌握經營管理的先機呢？該如何熟悉各個往來廠商的狀況呢？

為了快速轉型，我開始接觸各種不同內容的課程，要怎麼當個雜誌社管理者？要怎麼經營文化事業？要怎麼預測未來的脈動……等等課程。我還記得當時上課的老師是前經濟部長王志剛，雖然上課內容已全數忘光，但現在回頭省思，發現這些課程我依然需要繼續學習。

這次的學習經驗讓我領悟到，不管上任何課程，都必須經過「自省」和「消化」的過程，這些知識才有可能被靈活運用，不然就是「死的知識」。

第三次想要轉型，是在我當上雜誌主編多年，對工作的熱情逐漸減退的時候。當時我莫名地陷入情緒低潮，做什麼事情都不帶勁，看什麼事情都不順眼。即使現在看當時的照片，都還是可以感受到那股「莫名的怨氣」。很多人都不喜歡負向情緒，其實，負向情緒的功能就是在告訴我們：事情不對勁了，需要做些轉變，讓人生有不同的方向。

為了重新燃起工作熱情，我選擇放棄一切，到美國去進修廣播電視課程。在異鄉的這段期間，我嘗試各種新奇的事物，結交不同國度的朋友，樂於體驗各種型態的生活模式，積極參與不同名目的活動。這次的轉型經驗，使我深深體會，假如不要「自我設限」，其實轉型並沒有想像中困難；就看我敢不敢冒險，給自己一個嘗試的機會。

第四次想要轉型，是在我從美國回來，應邀擔任多家公司的顧問的時候。我慢慢發覺，我不能再用過去舊的工作方式，來面對新的工作型態。我需要針對不同公司的需要，收集不同的資訊；我需要針對不同老闆的個性，採用不同的溝通方式；不能全部「一視同仁」。

有了這個覺悟之後，我開始養成隨時搜集資料，以及主動發掘問題的習慣。這樣我才能和各個不同領域的老闆討論問題，並且找到解決之道。這次的轉型經驗給我最大的啟示是，日常生活中的每一件事情，都可以幫助自己成長，並不一定非進學校上課不可。倘若能夠用心觀察周遭環境的轉變，自然能夠每天成長一點點。

整理自己的轉型歷程，發現早在這個階段，我就已經進入彈性生涯時代，而且在當記者時養成的自我記錄、自我書寫習慣，讓我清楚自己的想法、感受，指引我下一步的轉變方向。

第五次想要轉型，是在我進入寫作的領域，成為專業作家的時候。在寫作的過程中，我強烈渴望靈感，那種感覺就像一隻飢餓的動物，到處找尋寫作素材。幾經尋覓之後，我終於明白每一次的成長經驗，就是最好的寫作題材，因此，與其「外求」，不如「自省」。只有親身體驗的故事，才是最感動人心的。

第六次想要轉型，是在我和相交多年的男友分手的時候。當時我很想知道，為什麼我會讓一個曾經說過「沒有妳，我活不下去」的男友，下定決心離開我？究竟我做了什麼，或說了什麼，會讓他受不了我呢？我開始回想自己的戀愛歷程，試圖從中找到一些線索。

大量閱讀心理學的書籍之後，我有了一些發現，我發覺自己是一個很害怕承諾的人，似乎只要承認對方是我的男朋友，我就會失去自由，對方也不會再愛我、疼我。我發現自己很羞於表達愛意，一廂情願地以為「對方應該知道我的心意」。我發現自己對男友的要求越來越多，如果對方不懂得適時拒絕我的話，心理壓力就會越來越沉重，互動的感覺也會越來越疲憊。

這次的經驗，讓我對人與人之間的親密關係、信任程度、感情需求，有了更深一層的了解。同時也激發我想要探索別人內心的想法，以及行為背後所隱藏的動機。不可思議的是，這次的成長經驗，對我現在做感情諮商有很大的幫助，因為不少當事人都跟我有相似的心理歷程，都是在最愛自己的人離去時，才興起自我探索的念頭。

被幸福包圍的時候，我們往往只在意自己的感受和需要，而忽略了對方的感受和需要。很多時候，強烈的震撼雖會帶來痛苦，卻也是最寶貴的成長養分。我常常跟當事人分享自己的親身體驗：好的結束是幸福的開始。學會好好告別一段愛情，我們就可以進入不同的成長階段。

第七次想要轉型，是在進入心理輔導的領域後。當時我對心理相關理論與各種諮商技巧越發渴求，除了積極參加不同諮商學派的工作坊外，我同時也去台大旁聽人格心理學、社會心理學。聽著、聽著，居然興起報考研究所的念頭。

一起在台北張老師基金會值班的夥伴，鼓勵我去報考國立台北教育大學心理與諮商研究所。還記得考試的時候，看到人山人海的考生，心都涼了一半，有這麼多優秀的人才，而且大部分都是科班出生，我還有機會嗎？

或許是沒有抱太大希望，當我通過筆試，進入口試階段時，簡直欣喜若狂，不敢相信自己真的通過考試。這次轉型，對我的生涯發展影響非常巨大，彷彿找到自己的天命。

我們每個人的成功處方（success formula），就藏在過往的經驗中，無論是否習慣自我記錄，都可以透過探索下面這些「生涯發展歷程」的問句，或多或少挖掘出一些自我成功特質。

▨成功處方（success formula）就藏在過往的經驗中

- 學生時期，在班上承擔哪些責任？會如何面對自己的責任？
- 自己曾經做過哪些工作？
- 第一份有穩定收入的工作是什麼？
- 在你做過的工作中，哪些是你喜歡的？哪些是不喜歡的？
- 目前的職業是什麼？何以會選擇這個職業？對於這個工作的感覺是什麼？
- 曾經做過長遠生涯規劃嗎？規劃內容是什麼？
- 曾經想要換工作嗎？想換什麼類型的工作？

- 是否曾經對其他的職業有興趣？何以會產生興趣？
- 通常扮演執行者還是觀察者？
- 你會為自己的故事下什麼標題呢？
- 會不會小心翼翼留意細節？這些細節中，其實暗藏著我們適合的職業線索，以心理狀態來呈現。

我們每個人的生涯發展都跟「自我概念」息息相關，譬如說，我們第一次的上學經驗，可能會反映出未來如何看待世界跟掌握世界。

生命的貴人：

- 在你認識的親朋好友中，你覺得誰是信任你的人？
- 在親朋好友中，哪個人的鼓勵能夠給你力量？他們說了什麼對你有幫助？
- 聆聽別人的故事時，可以從中發現對方的資源跟長處嗎？

生命貴人會反應出我們認同的人格優點，我們會採用跟生命貴人類似的方法來解決問題。

時間的運用：

- 學生時代，每天的例行性活動是什麼？
- 下課的時候會做什麼活動？
- 寫作業、打電動、看電視……，通常會如何運用時間？

運用時間的習慣，多半從學生時代就養成，回頭檢視這些習慣，可能會有意外的發現，幫助自己找到運用時間更有效的方法。

脫困的方式：

- 回想小時候走失迷路的經驗？旅行途中走失的經驗？開車迷路的經驗？
- 受困當時，會不知該如何是好？不曉得下一步怎麼走？

從走失的經驗中，或許可以發覺，當我們受困時，會如何幫助自己找到出路、方向。

試著從上面的問句中，找到自己的成功元素與處方：

以我自己為例，我小時候印象最深刻的回憶，都跟走失有關。印象最深的一次走失是在住家附近，當時家裡協助姑媽經營瓦斯行，小小年紀的我常常趁著媽媽忙著招呼顧客的時候，出去找附近的小朋友玩耍。

有一次莫名找不到回家的路，路上有個阿姨看到驚慌失措的我，便把我帶回家，印象中，阿姨指著一排站在樓梯上的小孩對我說：「這些都是走失的小朋友，你先吃冰棒，我再帶你去找媽媽。」我的小小腦袋頓時感到很困惑：「為什麼會有這麼多走失的小孩？」我立刻跟阿姨說：「我現在就要去找媽媽。」這位阿姨便帶我去找媽媽，剛好在路上就遇到媽媽出來找我。

有次參加阿德勒工作坊，跟參與的夥伴講述這個早年走失的回憶，這位夥伴聽完後，立刻幫我找到「成功元素及特質」。夥伴發現，我很容易信任別人，但同時也會覺察環境中的危險訊號，馬上做出理性的反應，幫助自己脫困。聽完後，我真的如獲至寶，非常感謝這位夥伴的回饋。

尋找自己「成功元素及特質」的過程真的充滿驚喜，不同的生命主題，使用「蘇格拉底提問法」都有不同的收穫。

10

當自己的超級英雄：提升自我效能的步驟

當世界變動愈來愈快，每天都可能遇到意外事件，讓我們的計畫無法順利進行，讓我們的夢想暫時受到擱置。然而，不管正向或負向的機緣都是學習的機會，我們需要擁有捉住機緣、善用意外事件的能力，才能越挫越勇。

「自我效能」的強度攸關生涯發展的成就，決定我們在面對各種情境時是否會採取因應行為，會下多大的功夫去達成目標，在受挫的情境中能夠持續努力多久，相不相信自己可以克服困難完成任務。

自我效能感低的人，在面對困難任務時，或許會無法堅持下去，覺得自己沒有能力把事情做好，而自動放棄。所以，「自我效能」越高的人，生涯適應力也越強。

評估自己的工作適應力

想知道自己的工作適應力，可以評估下面這四項特質：

- 真心關切自己生涯（concern）
  一到十分，給自己幾分？

- 對生涯擁有主控感（control）
  一到十分，給自己幾分？

- 對生涯中各種事物保持好奇心（curiosity）
  一到十分，給自己幾分？

- 對自己的生涯發展擁有自信心（confidence）
  一到十分，給自己幾分？

從這幾個問句的分數，可以評估「自我效能」的強度。

當自己的超級英雄

近年來，超級英雄系列電影席捲全球，幾乎每一位英雄人物都引發群眾熱烈追隨，無論是蝙蝠俠、超人，還是鋼鐵人、蜘蛛人，都是一夫當關對抗邪惡勢力，及時拯救民眾免於災難。

儘管現實生活沒有超級英雄，但是民眾對於國家領導人仍多少寄予厚望，從美國到台灣，每逢大選，人們皆期望民選的總統能夠扭轉頹廢的經濟情勢，解救人民脫離艱苦的生活。可惜，總統不是超人，他們總在低迷的民調聲中黯然下台，沒有留下令人激賞的英雄事蹟。

有趣的是，在網路世界成長的新生代，也有不同的發展樣貌，有一類是屬於「媽寶型」，典型特徵為成長過程被過度保護，養成依賴的特質。

另一類是「海賊王型」的新生代，他們的典型特徵是勇於冒險，追求自我實現，有高度的自尊需求，不斷找尋生命的意義，以及熱情參與公眾事物。由於海賊王型的新生代需要被鼓勵，所以他們心目中理想的領導者是懂得激勵人心，同時又能放手讓他們航海冒險的領導風格。

▨提升「自我效能」的步驟

第一步：迎接未來，充滿希望與動力的朝目標前進。

- 先找出自己獨特的長處（strengths）與美德（virtues），再轉成「自我效能」。
- 了解自我的效能（efficacy）是什麼後，接下來要如何發揮自我效能？

第二步：面對挑戰，能夠滿懷效能投入必要的努力。

- 思考一下：我可以多做點什麼，達成我想要的人生？

第三步：遭遇挫折，能夠承受並且從失敗中學習。

- 問問自己：挫折給我最大的收穫是什麼？
- 從經驗中得到什麼啟示？增進什麼能力？
- 不斷將生命經驗轉化成豐富養分。

第四步：享受工作成果，樂觀迎接下一次挑戰。

成就感能夠讓我們充電，補充能量；而解脫感卻會讓我們耗電，降低能量。因此，適時為自我心靈充電，可以有效提升適應能力，擁有源源不絕的能量。真正相信自己從事挑戰自我、發揮專長的工作，就可以獲得滿足感。

11 改寫阻礙生涯發展的句子：氣餒時自我鼓勵

在諮商的過程中，我深刻體會到家長的兩難。面對快速變遷的時代，家長為了讓孩子擁有競爭力，深怕孩子輸在起跑點，深怕孩子不如別人，深怕自己沒有盡到教養責任，於是大量安排孩子學習各種課程，總是擔心：「如果其他小孩都會，而我的小孩不會，怎麼辦？」

高度焦慮的家長常會出現「不適任感」，總是擔心自己沒做好，為了降低焦慮，往往會忍不住給孩子過多的期望，或是害怕孩子未來會吃苦。

我常常聽到家長恐嚇孩子：「你現在不好好讀書，以後就去做苦工。」也有不少家長習慣用這句話訓誡孩子：「如果你現在不努力……，以後就會有悲慘的遭遇……。」

等到孩子長大以後，為了減少內心達不到家長期望的挫折感，也會創造另一個句子來回應：「都是因為……，所以我才會達不到……。」，言下之意是：「如果不是因為……，我也是可以的……。」

氣餒時自我鼓勵

當我們感到氣餒的時候，會特別渴望被別人肯定，如果得不到肯定，便會產生更多的挫敗感。檢查一下，自己有沒有下面這些容易氣餒的特質：

- 認為自己要比別人好才有價值？
  是□　　否□
- 常常設定過高的期待或標準？
  是□　　否□
- 常常會跟別人做比較？
  是□　　否□
- 希望別人按照自己的方式做？
  是□　　否□
- 過度熱心想要參與別人的生活？
  是□　　否□
- 對於發生的事情會做負向消極的解讀？
  是□　　否□

「是」越多，就代表你比較容易產生氣餒的情緒。覺得氣餒時，如果懂得「自我鼓勵」，自然可以增加改變的勇氣。

探索我們內心恐懼的來源，目的並不是要回家跟家長抗議，而是透過理解家長的用心，打破這個阻礙生涯發展的句子，我們可以重新改寫這個句子，鼓勵自己創造更多的可能性。

「自我鼓勵」的重點

「自我鼓勵」的重點要放在：自己做了哪些努力？自己有什麼優點和資產？朝向主動有建設性的學習，而不是以結果為主。同時，對於人與人之間的差異，抱持接納尊重的態度，可以跟別人一起討論，也能夠跟別人一起合作。

譬如說，要增強自我效能，可以告訴自己：

我努力達成了，我還可以再接受挑戰。

也可以自我讚美：

雖然事情一開始進行得不太順利，但我完成了！

或許事情並非完美無瑕，但我做到了！
我不需要把事情做到完美，只要盡力就足夠了！
我可以相信自己的判斷力！
我可以肯定自己的成就！

在當事人的身上，我常常看到「自信心」像吹氣球一樣，慢慢膨脹的歷程。我會根據當事人的特質給一些家庭作業，讓他在日常生活中，練習自我讚美的技巧，記錄自己做得好的地方，再回諮商室跟我分享。同時我也會不斷回饋當事人進步的改變，一步一步改變生涯發展的句子。

12

生活態度改變技術

我們每個人面對工作或世界的態度，都是從童年時期開始建立的，我們在家庭中的地位，還有童年早期的家庭氣氛，雖然不會完全決定我們的人格特質，卻是形成「生命態度」的關鍵，不僅會影響我們的生活模式，更會演變成行為的標準和規範。我們會根據家庭經驗來解讀發生的事件，可說是「心理評估」的重要參考。

如果我們常常懷疑自己的能力，那麼當我們在面對困難、失敗的時候，就可能會採取防衛、消極的態度。通常，會形成「負向消極的態度」，都跟「避開失敗」有關。我聽過很多人在工作表現不佳的時候，會不斷強調：「我以前做得很好，現在會這樣，是因為客戶很難搞定。」

所謂「態度改變技術」，就是以「正向積極的態度」來取代「負向消極的態度」。因此，在調整態度前，要先了解自己有沒有自動運轉的防衛策略。

大體而言，我們的生活態度有三種不同的類型：

一種是「好的，可以」的生活態度：抱持「好的，可以」態度的人會先自我接納，再尋求社會接納。

一種是「好的，可是」的生活態度：抱持「好的，可是」態度的人會為自己找很多理由。當工作達不到目標時，就會安慰自己：「市場趨勢不好，再努力也沒有用。」或是為了讓自己好過一點，跟別人抱怨：「反正努力達成目標，也不會調整薪資，有做就好了。」

一種是「習慣說不」的生活態度：擁有「習慣說不」態度的人，又有兩種不同的人格特質，一種是攻擊性人格特質，一種是防衛性人格特質。

攻擊性人格的特質反映在心理上，常會有虛榮、野心、自以為是、善妒、羨慕、貪婪的感受。常常會對外表示：「我沒有問題，我做得很好，都是別人講我壞話。」

如果有人不認同自己，也會說：「我的點子是最具前瞻性的，可以讓公司賺大錢，你們還不肯定，問東問西，真是奇怪。」

防衛性的人格特質表現在行為上，則會出現下面這些常見的行為，包括：焦慮、膽怯。無論是學習或嘗試新事物，比較容易退縮，碰到不懂的地方，也不太敢主動請教別人：「我不敢問同事，怕會打擾別人，怕他們覺得我很煩，以為我不努力。」

當我們防衛時，往往會出現很多迂迴的行為，像是懶散、常換工作、觸犯法律，跟別人保持距離，責備自己或別人，常會覺得有罪惡感，總是猶豫不決。

從「童年早期回憶」了解「生活態度」的形成過程

既然童年早期的家庭氣氛，會形成我們的「生活態度」，那麼，要調整態度，自然需要探索「家庭氣氛」。影響家庭氣氛形成的因素，包括：家人之間的互動、我們跟別人的互動，以及我們在家庭中的地位。

諮商多年，我覺得最快了解「生活態度」形成的過程，就是探索「童年早期回憶」。收集「童年早期回憶」的方法，可以透過回顧：小時候面對危險的經驗，最早被處罰的記憶，弟妹出生時發生什麼事情，第一次上學的情形，生病或死亡事件，離家的經驗，或是不當的行為或嗜好，都會有意想不到的收穫。

回顧童年的「早期回憶」，可以反映我們現在的內心想法，包括我們的渴望需求、設定的目標，以及預測事情發展的方向。

舉例來說，我看過很多孩子開始隱瞞家長，把秘密深藏心裡，不敢說出事實真相，都源於「害怕被處罰」。有非常多的孩子在看到考試成績出乎預料的低分時，飽受驚嚇之餘，都會做出共同的決定，把考卷藏起來不給家長過目，或是自己私下代替家長簽名，或是藉口「考卷遺失不見了」、「忘記帶考卷回家了」，來逃避被處罰。

可是，如果相對去詢問家長關於處罰孩子的標準或做法時，家長們都會困惑地表示：自己很少處罰孩子，不知道孩子在害怕什麼？

有趣的是，何以孩子會如此害怕被處罰？深入了解「童年早期回憶」後發現，其實是他們「預測事情發展的方向」，而不是「真實發生在自己身上的經驗」。如果不了解過程，就會誤以為「孩子經常被家長處罰」。

所以，理解「感覺」跟「行為」的來源很重要，透過「早年回憶」可以看到過去的決定和想法會如何影響現在的生活。這個時候，就可以進行「態度改變技術」。

態度改變技術

一、先覺察一下：自己常會出現什麼感覺跟行為？

不妨找個信任的朋友敘述自己的「童年早期回憶」，同時覺察一下：自己常會出現什麼感覺跟行為？

記憶中的情境多半是鼓勵的？還是責備的？大多數的事情是完成的？還是挫折的？

二、用「正向有效」的掌控，取代「失控感」跟「負向破壞性」的控制方式。

觀察一下：問題是如何解決的？是越挫越勇？還是裹足不前？

如果發現自己常常出現「好的，可是」態度，或是「習慣說不」態度，試著用「好的，可以」態度去取代。

三、認同自己：聆聽自己內在的聲音，降低別人的評價對自己的影響。

回想自己一直以來扮演的角色，通常扮演執行者還是觀察者？人際互動的過程中，自己比較常扮演取悅者、順從者、討好者，還是叛逆者？然後重新調整自己的角色。

通常我們都會認為「叛逆者」是做自己的表現，其實不然，「叛逆者」仍然沒有自己，只是習慣用唱反調的方式去應對別人。

諮商的過程發現，很多人努力的目標都在「爭取認同」，渴望爸媽以自己為榮，能夠在別人的面前說句「我的孩子過得很好」、「我的孩子很成功」；期待主管覺得自己表現優異，能夠當眾稱讚自己：「大家要向這位同仁看齊學習。」

「獲得認同」似乎意味自己在對方心裡有了位子，會讓我們感到安心。獲得別人認同固然很好，然而，一旦自己的想法或做法不被認同，就會形成強大的焦慮壓力，為了降低焦慮，有人會努力說服別人認同自己，有人會放棄自己附和別人。

真正的「認同自己」是不管在什麼狀況下，別人的意見是什麼，都清楚自己何以要這樣做。但同時，也尊重別人可以有自己的想法和選擇，不會強迫別人要跟自己的意見一樣。

四、協助自己朝成長成熟之路邁進。

對「成功」的定義是什麼？對「失敗」的定義是什麼？

生活或是人際的阻礙是什麼？有沒有想要改善面對的情境？

成長的重點在於改善狀況，而不是追求完美。

五、擁有歸屬感：當自己的主人，無論人在哪裡都有歸屬感。

我們的自卑感通常來自於「不被認同」，在家庭中找不到歸屬感的害怕。所以，如果能夠達到「自我認同」，就可以幫助我們找到歸屬感，既可以擁有自己，也能夠融入別人，自在地穿梭於人我之間。

這有點像孔子說的「從心所欲，不踰矩」的境界。我覺得孔子不只是儒學大師，更是華人世界偉大的心理學家，孔子提出「三十而立，四十而不惑，五十而知天命，六十而耳順，七十而從心所欲不踰矩」，也是一種人生態度改變技術，可以經由生命歷練慢慢轉變，找到自己安頓身心的路徑。

六、建立安全感：真正的安全感的來源是自己，信任自己的判斷和決定，才能產生；即使有時候犯錯、表現不完美，仍然可以從錯誤中學習。

很多人窮畢生之力在尋找安全感，諮商過程更是從當事人兒時回憶一路探索到各種夢境，試著藉由不同的線索，協助當事人找到心理的安全感、關係的安全感、對未來的安全感。

我跳出來觀看自己安全感的來源，其實無法確定安全感是如何形成的；但是，讓我不安的事情卻會自動跳出來，提醒我不要再讓這些事情發生。對我來說，不安全感是在幫助我趨吉避凶，不太會帶給我痛苦的情緒。

可是，我看到很多當事人陷入不安全的情境中，卻會呈現急性壓力症候群的症狀，特別是年紀很小的孩子，在高壓現場他們會歇斯底里地哭泣、拼命要離開讓他們害怕不安的人事物；連在諮商室裡談到讓他們感到不安全的話題，他們也會馬上想要逃走。

碰到不安全的情境，逃走、不要面對，就是最安全的作法。

身為諮商心理師，我不斷思索與嘗試，要如何修復被破壞的安全感。我發現，別人只能給我們支持的力量，外在的物質條件也只能滿足我們的需求欲望，而無法提供我們安全感。

真正的安全感的來源是對自己的信心，信任自己的判斷和決定，才能產生；即使有時候犯錯，表現不夠完美，仍然可以從錯誤中學習。

13 把握並善用機緣：從「好想、好想」變成「現在進行式」

不管在學校或職場，很多年輕世代共同的苦悶心聲都是：生不逢時，為什麼我們的薪水這麼低？為什麼我們不能像爸媽一樣，享受美好年代？

我強烈接收到：年輕世代集體對未來感到焦慮不平。

即使我努力跟他們分享，我大學畢業的時候，薪水只有8K，依然對未來充滿希望，但似乎無法讓他們燃起希望之火。曾經有學生沮喪地問我：「老師，我也好想對未來充滿希望，可是我就是缺乏熱忱，不知道我想要做什麼？」

經過學生提醒，我也開始思考：「我未來想要做什麼？」好像每個階段我都有「好想、好想做的事情」。高中時我好想好想成為一個記者，中文系畢業後，我真的在女性雜誌當編輯採訪記者；後來有一段時間，我好想好想成為諮商心理師，現在我很開心自己是一個諮商心理師。

要如何從「我不知道要做什麼」到「我好想、好想做什麼」，再變成「現在進行式」呢？

從「我不知道要做什麼」到「我好想、好想做什麼」

「我不知道要做什麼」這句話有各種的可能性。

有些人是不知道自己要什麼，自然不知道要做什麼。

有些人是知道自己要什麼，但是不知道要採取什麼行動來滿足自己的需求。

有些人則是一直用錯誤的方式來滿足自己的需求，結果得不到滿足，所以也不知道該怎麼做。

現實治療學派主張人類有兩種基本的心理需求：一種是愛與被愛的需求；另一種是感覺自己是有價值的需求。而這兩大類需求又會轉變成五種現實需求，包括生存、歸屬、權力、歡樂及自由。這些需求是否能得到滿足，有賴於我們能不能做出有效的行為抉擇。諮商心理師的角色就是協助當事人根據自己的需求，做出適當的行為抉擇，並為自己的行為負完全的責任。

想要「知道自己要做什麼」，可以從了解自己的需求開始。

現實治療學派有一個很簡單的WDEP系統，幫助我們快速確定需求，採取行動，同時評估需求有沒有得到滿足。

(1) 確定需求，清楚自己想要什麼（Want）？
(2) 掌握方向及行動，現在／過去做的是什麼（Doing）？
(3) 自我評估，做的這些有幫助嗎（Evaluating）？
(4) 重新計劃（Planning），如果重新選擇，計畫會是什麼？

確定之後，就能夠積極主動地探索與開發各種可能性。

培養「創造機會」的心理特質

每當有學生跟我分享：「希望自己擁有不平凡的人生經驗。」我都會眼睛一亮，如獲至寶的問他：「什麼樣不平凡的人生經驗？」

在他們敘述的過程中，我的眼前彷彿出現一幅景象，我看到學生正努力把「機會」種進心田裡。當然「機會」不會自己發芽，要讓「機會」開花，還需要培養「創造機會」的心理特質，讓自己保持開放，擁有毅力、彈性、樂觀、冒險的心態，積極掌握並創造有利的機會事件，協助自己獲得珍貴的學習經驗。

堅持意志力

在彈性生涯時代，特別需要智慧判斷，什麼狀況要堅持到底？什麼情形需要彈性變通？倘若一遇到挫折就放棄，很難成就想做的事情，仍要有堅持的意志力，才能成事。

在開發課程跟寫作的過程中，雖然我漸漸明白，有時候「先見之明」不一定會馬上引發共鳴，但是卻可以累積專業的厚度。舉例來說，十多年前，書寫《只有你能創造未來》一書的時候，我已經預見，未來的世界需要培養豐沛的創造力，抱著愉悅的心情玩出前途，因此，試著從心理、性格的角度，分享如何增加自己的創造力。但當時，這樣的觀念尚未發展成熟，所以儘管書本的銷量不如預期，可是我卻可以藉由演講推廣創造力的重要。

因此，如果以開放的心態來看待失敗的困頓經驗，會驚喜地發現，每個挫折都是鍛鍊意志力最好的養分，可以幫助我們變得更堅強有力，找到不同的出口。

彈性應對力

當計畫趕不上變化，也就是事情發展不符合我們原先預期的狀況，也許心理會覺得忐忑不安，但這反而是難得的生命體驗，需要擁有充分的彈性去接納，調整應對的態度。

諮商的過程中，我看過最受苦的心靈是：堅持凡事要按照自己的期望走，不能接受別人改變，無法忍受世界轉變，他們最常說的話是：「不行，你答應我就要做到。」或是執著於「不管，規劃好了就要進行。」或是強調「人生一定要順利。」或是認為「人生必須要公平。」

缺乏彈性，會讓我們外表強勢，內心挫折，為了降低挫折感，常會使用極端激烈的方式，反而離自己的目標漸行漸遠。

樂觀行動力

所謂「樂觀」並不是低估風險，不斷催眠自己：沒有問題。卻放任問題惡化，不去面對。而是樂觀面對未來，在行動中發現樂趣。

曾經有保險公司統計，樂觀的業務同仁比悲觀的同仁業績高出百分之八十八以上，並且樂觀者的離職率只有悲觀者的三分之一。

樂觀可以讓我們產生行動力，不會退縮不前。不妨練習每天打開行事曆，看看當天所做的事情帶給自己多少意義與樂趣？當生命本身很有意義時，基本上任何狀態都是快樂的。

冒險開發力

在生活環境中，當事情不在預期的軌道中發生，就會進入冒險的氛圍，有些時候風險也帶來新的可能性。

心理諮商最有趣的過程，就是陪伴當事人一起探索生涯發展的各種可能性。很多時候，當我們一起找到適合其個性、能力、興趣的領域後，正要準備採取行動之際，當事人卻突然踩了煞車，因為他們希望能夠確保，走這條路未來一定能夠成功。

有誰可以保證成功？面對不確定的未來，要如何降低風險，享受冒險的成果？我只能帶領當事人學習把握、善用、創造機緣。

把握、善用、創造機緣的四個步驟

步驟一：將計畫性機緣正常化

回顧生命歷程中出現的機會事件，同時檢視自己當時做了什麼，才導致這些機會事件出現。

下面這些具體問句，可以協助自己找到創造機會的成功經驗。

- 機會事件如何影響自己的生涯？
- 「你」在當時如何「讓」這個意外事件影響你？
- 你現在對未來可能的意外事件有什麼感覺？

以我自己為例，無論是出書或是成為講師，都是別人發掘我的潛能，詢問我的意願，當下我都是開心感謝對方的邀請，同時也很想知道，對方何以會覺得我可以出書或當老師。我對於別人的回饋充滿好奇。

記得第一位慧眼挖掘我寫作潛能的是作家吳淡如，她說服我當作家的好處是：「如果你可以一個月寫一本書，十二個月就有十二本書，這樣每個月都有版稅可以領。」我馬上心動，立刻開始思索寫作的題材。

雖然事後發現，寫作沒有「想像」容易，也沒有每個月都有版稅可以領，但我也因此開啟了寫作的旅程。

在我的生命中，隨時充滿「機會事件」，很多朋友、師長會推薦我去做這做那，不管別人給我什麼建議，我都會認真思考，有沒有可能完成。別小看這些「機會」，懂得把握的人，就可能會造就自己。

步驟二：將好奇心轉化為學習與探索機會

對事物擁有好奇心（Explore things you are curious about.），探索新的學習機會，從機會事件中探索隱藏其中的可能性。

擁有好奇心的人，不管做什麼，都可以得到多一點，逛街可以看到別人忽略的風景；上課可以連結到更多領域；當主管可以發掘同仁更多潛能；當老闆可以想到別人沒有想到的點子。

下面這些問句，可以帶領自己思考不同的方向：

- 你對什麼感到好奇？
- 有哪些機會事件曾經引發你的好奇心？
- 「你」當時做了什麼來提升自己的好奇心？

譬如說，分發到新單位的時候，可以學習跟不同特質的人相處，學習不同主管的領導方式，增強及累積不同的工作經驗，這些都可以豐富我們的生命經驗，使我們的生活更多采多姿。

步驟三：創造想望的機會事件，化期望為行動

除了把握機會外，自行創造機會，開創自己想過的生活也很重要。

如果常常覺得自己缺乏機會發展興趣，或是沒有遇到伯樂欣賞自己，不妨思考下面的問句：

- 想要創造什麼機會？
- 希望人生有什麼不同？
- 如果可以的話，希望碰到什麼樣的機會事件？
- 現在可以做什麼來增加該事件發生的可能性？
- 如果那麼做的話，生活可能出現什麼改變？
- 如果什麼都不做的話，生活可能有什麼改變？

有次參加敘事治療《投入生命故事》工作坊的過程中，在Jill Freedman跟Gene Combs兩位大師的帶領下，並且透過對談夥伴的牽線，我與「剛出社會的自己」對話，馬上感受到大學畢業渾身充滿熱情的我，逢人就敘說想要投入新聞界成為記者的渴望。當時幾乎每位聽完我講述夢想的人，或多或少都給了我幫助和指引。

現在回想起來，真的有種「當你真心渴望某個夢想，全世界都聯合起來幫你」的感動。但是，我更感動的是，當時的我怎麼可以做到如此無所畏懼。因為換成現在的我就開不了口，我會不好意思，我會擔心造成別人的困擾。

雖然現在的我很懂得「及時把握機緣」，然而，我卻少了剛出社會的無所畏懼。我真心誠意對「大學畢業時的自己」道謝：「謝謝你的無所畏懼。」

有趣的是，對談夥伴也邀請「大學畢業時的我」看到「現在的我」的狀況會有什麼感受和想法？沒想到「大學畢業時的我」脫口而出：「真的從來沒有想到你會走到這裡。」我似乎看到兩個自己互相對望，眼中閃著淚光，一切盡在不言中。

要創造想望的機會事件，最簡單的方法，就是把自己的願望說出來，找有經驗的人討論，請他們給你建議，通常都能得到很多收穫。

很多人在等待機會的過程中，會先觀望，心想等機會來了再準備就好，以免白忙一場。

我發現，抱持等待的態度，卻沒有準備行動的人，機會是不會光臨的。因為貴人是需要先看到具體的成果，才能產生連結作用，接下來當機會出現時，貴人的腦海才會浮現你的身影。

所以，想清楚，講出來，先準備，機會自然來。

步驟四：克服實踐過程的障礙

要克服實踐過程的障礙，首先可以思考三個問題：

第一個問題是：「何以一直沒有去做自己想做的事？」譬如說，想要學好外語，可以順利通過外語檢測，但卻一直沒有去做，總是跟自己說：今天好累喔，明天再說好了。

第二個問題是：「評估障礙會持續多久？」以上面的例子來說，一天過去了、一個禮拜過去了、一個月過去了，還是沒有養成持續練外語的習慣。

第三個問題是：「打算如何克服這個障礙？」現在要怎麼養成練習第二外語的習慣？是不是可以找同伴一起練習，或是創造學習語言的環境？

克服完困難後，要提升挫折容忍力，就要當自己的心靈英雄。每一天充滿希望與動力，朝著自己訂下的目標前進。

▨自我承諾，把自己當一回事

成功的人大多會遵守自我承諾，答應自己的事情，會努力完成。從心理的角度，會對自己失信的人，並沒有把自己當一回事。

成功，從尊重自己開始，思考一下：

- 如果要把目標付諸行動，會怎麼進行？
- 如果要讓自己更獨立一點，需要做什麼不同的事？
- 如果要讓自己更自信一點，需要做什麼不同的事？
- 如果要讓自己更有力量面對現實，需要做什麼不同的事？

如果無法自我承諾，當事情進行得不順利時，就很容易向外尋找歸因，譬如，案子做不成是因為缺乏資金與人力；開發不成功是因為沒有人帶路。

有人曾經問我：「算命」與「諮商」有什麼不同？

倘若從這個角度切入，「算命」傾向尋找歸因，感情不順是因為前世太多情感糾葛，事業不順是因為缺乏祖上庇蔭。

但是，「諮商」的重心是回到自己身上，進行一場自我理解之旅，從不同的角度跟自己相遇、對話，了解什麼對自己重要，清楚什麼對自己有意義，為自己的幸福和快樂做最好的選擇，並負起最後的責任。不再將過錯歸因於外在情境時，這樣所有的貴人才幫得上忙。

14 在人生高峰時經歷生涯危機

轉型的歷程

教授「就業服務乙級技士」的課程至今已經邁入第十年。這張證照是從事就業服務、人力仲介、人力資源相關工作者夢寐以求的國家證照。也因此，我有很多機會去各地就業服務站教課，看到很多求職者想要重返生涯高峰的心路歷程，也看到很多求職者對於過去所做的決定充滿懊惱，希望人生可以像玩遊戲一樣，玩得不順手時立刻再重新開始。

人生要重開新局，會歷經很多關卡，不像玩遊戲般，按一下restart鍵，立即就可以開始。曾經有就業服務人員被客訴，因為求職者想要找管理職的工作，就業服務人員卻安排他去做清潔服務的工作，他感覺自尊遭受嚴重侮辱。

在生涯轉換的過程中，大多數人都知道要放下身段，重新當個小蘑菇接受現實洗禮。不過，究竟身段要放多低，卻不在我們的預期範圍。

還有很多人是在工作高峰時經歷生涯危機，被高薪挖角到過去合作的公司後，卻發現同仁都在等著看自己有多厲害，要是表現不如預期，馬上出現酸言酸語：「也沒多厲害呀！」

在企業擔任顧問的期間，就曾親眼目睹好幾個意氣風發的公司紅人跌落谷底的過程。有的人很快找到下一個發揮的舞台；但也有的人明顯出現退化現象，做什麼都做不好，學什麼都學不會，連工讀生都質疑：「真不敢相信他這樣怎麼做到高階主管？」

何以會有這麼大的差別？這是因為每個人面對危機與轉型的心理狀態不同，心理肌力越強的人越容易為自己找到出路，心理肌力越弱的人越容易陷入固著退縮中。

生涯危機與轉型會經歷七個時期

第一個時期：「固著與震撼期」

很多人以為如果事前知道未來會發生什麼事情，就可以預先做好心理準備，比較不會慌亂。

但事實並不盡然，諮商的過程發現，很多公司其實非常早就告知同仁，公司未來將會有變革，然而，許多人的重心不是放在如何幫助自己學習改變，而是把力氣放在如何抗拒改變。不接受現實的變遷，就會讓我們停留在「固著與震撼期」，不願意往前邁進。

有個擔任人力資源的學生曾很苦惱的跟我討論，公司例行會有員工輪調訓練，但有個同仁就是不肯接受，新人都來報到了，他依然不肯交接，也不願讓出座位，還是每天照常來上班，讓交接的新人不知所措，所有的人都拿這個固執的同仁沒轍。

第二個時期：「退縮期」

有個朋友曾跟我分享他在生涯退縮期發生的趣事。朋友的鄰居總是趁他上班時把車子臨停在他的車位，有段時間朋友失業在家，這位鄰居每天早上都等不到車位，便旁敲側擊不斷詢問朋友：「今天沒去上班啊？休假喔，什麼時候上班？」

朋友實在說不出口：「目前失業在家」，只好敷衍說：「正在休假」，偏偏鄰居不死心，天天來等他的車位，最後把朋友逼到躲在家裡不敢出門，深怕遇到鄰居，光是看到鄰居期盼他去上班的眼神，朋友就覺得壓力好大。

處於「退縮期」最怕別人關心的詢問，不斷提醒自己「你沒事做」，久而久之，真的會對自己信心瓦解。

第三個時期：「自我懷疑期」

很多人問我：「生涯轉換的過程，休息多久比較好？」我通常都會建議：「不要超過六個月。」這個期限是從諮商經驗得到的答案，無論能力多好、信心多強的人，長期失業，就有可能進入「自我懷疑期」。

一旦自我懷疑，就很容易負向解讀訊息。這就是為什麼很多社會悲劇都發生在失業階段，總是覺得別人看不起自己，老是感到被別人壓迫，讓自己無路可走。

第四個時期：「接受期」

生涯「轉變」要從「接受」開始。當我們可以接受現實，也接納自己的時候，才有能量吸收新的事物。

在國外，當企業面臨轉型，會影響到同仁的未來前途時，就需要引進「員工協助方案」，由專業的諮商心理師引導同仁調適身心。我發現，同仁心理調適的關鍵在於是否「接受自己，也接受現實」。「接受」可以讓我們不再抗拒，把能量轉移到學習成長。

第五個時期：「試探期」

想要轉型成功，了解自己是很重要的步驟。做生涯諮商的時候，很多人都會詢問心理師：「建議我轉型到什麼領域比較適合？」心理師不會給特定答案，而是透過各種工具、提問技巧，引導對方做出最適合自己的決定。

不了解自己的狀態，很容易讓自己陷入混亂中，越轉越不快樂。舉例來說，有一段時間金融業經歷很多變革，許多金融業的從業人員都覺得自己不適合這個行業。但是，透過諮商技巧了解其工作性格後，發現他們還是最適合做金融業，那何以他們會強烈認為自己不適合呢？真正的原因其實是壓力太大、焦慮過高，這個時候，如果沒有探索出真正的關鍵因素，便貿然轉型，未來可能會產生大量「怎麼轉都不對」的挫折。

第六個時期：「意義追尋期」

在人生不同的階段，工作的意義都不同。剛出社會成為上班族，工作一段時間，慢慢穩定下來，會想要奮力往上爬升，會渴望在專業領域佔有一席之地，會想要累積足夠的財富過自己想要的生活，會想要結婚生子享受天倫之樂。

隨著自己扮演的角色不同，工作的意義也不一樣。我遇到很多面臨中年危機的當事人，他們共同的內在渴望都是：「為自己而活」，人生的前半輩子為了家人打拼，已經盡了應有的責任，現在想要把握最後機會為自己而活。

每個階段工作或生命的意義都不同，可能以前對自己很重要、拼命追求的事物，到了下一個階段又變得不重要了。意義追尋的重要性在於，人生每個時期都過自己想要的生活，都做對自己有意義的事情，如此便比較不會在人生的最後階段懊惱：「再也沒有機會實現自己想做的事情。」

否定自己之前的努力，是一件很痛苦的事情；懊悔之前所做的決定，則是令人無比沮喪的。

第七個時期：「統整更新期」

轉型成功與否，最重要的是有沒有「自我更新」。跨越不同的領域，需要的更新時間也不一樣。

舉例來說，我從企業顧問轉型進入心理諮商的領域，至少花了八年的時間，才真正轉型成功。轉型的過程中，可以進修、上課、念研究所、出國充電，每個領域學習的路徑都不同，有的門檻高，有的門檻低，有的入口多，有的入口狹窄。

憑良心說，成為諮商心理師的入口很窄，只有一條路：在台灣，一定要念心理諮商研究所，然後實習一年，完成之後再通過國家考試，衛福部才會發給專業認證。我身邊有很多人都對心理諮商的領域很有興趣，但對這條養成道路卻感到挫折，有人是無法停頓不工作，有人是擠不進入口。

儘管如此，我發現只要努力「自我更新」的人，他們還是找到不同的出口，轉到助人相關的領域。

轉型要從當蘑菇開始

轉型需要放下身段，重新當個小蘑菇。但有些人拒絕當蘑菇，不想接受磨難，是因為不想讓自己去適應現實，而是想讓現實來迎合自己的規劃。

很多人從機構退休後，總是覺得社會對於領退休金的人很不友善，找工作時也會感嘆大部分公司都沒有善待員工，不是薪水太低就是工時太長，常常會說：「我不想幫這種老闆工作」。當周遭的人提供工作機會的時候，也會強調：「這些公司都請不起我啦，薪水太低了。」或表示：「我幹嘛浪費寶貴生命去賺這麼一點點錢，太不值得了。」

脫離現實的人，往往會為了獲得超出自己實力的評價，而驅使自己去做無法負荷的事情，在這樣的狀況下，就很容易分散力量，無法集中努力的焦點，內心常常會覺得：「這不是我該做的」，非但可能會導致努力沒有好結果，更引發強烈的挫折感。

如果你也常常出現「明明自己很努力，內心卻覺得很空虛」的感覺，不妨問問自己：

現在的生活方式真的是我渴望的嗎？

自己在何處、何時播下煩惱的種子？

何以會訂定超乎現實的目標？

想要兼顧「努力」與「充實」，除了做自己喜歡做的事情外，還要將目標調到符合自己的能力範圍。判斷自己現在的目標是否符合自己能力，有個簡單的評量方式：「日標會不會受到外界雜音的影響？」

誠實地回答自己：「目標是發自內心的渴望？還是為了滿足外界的期望？」

如果不是為了證明自己什麼，而是順應自己內心的渴望，做自己喜歡做的事情，目標自然會調到符合自己的能力範圍，完成之後也會覺得充實而有滿足感。

15 捲入創傷事件後的恐懼風暴：原諒自己，也原諒別人

在美國，約有五到六成的民眾在人生某個時間點會遭逢創傷事件，例如重大車禍、暴力攻擊、天然災害、家人意外等等，需要接受心理諮商療癒創傷。

反觀台灣，許多民眾在發生重大變故時，卻很少使用心理諮商相關資源。很多人會問我：有做跟沒有做心理諮商，差別在哪裡？

事實上，創傷事件發生後，會歷經不同的階段，常見的心路歷程有五個階段：哭喊期、否認期、侵擾期、接納期到完成期。而且不同的創傷事件對心理造成的衝擊差異也很大。大多數創傷事件產生的影響不會立即顯現，而會封存多年，漸漸侵蝕我們的心理健康，或是潛入到我們的潛意識，或是扭曲我們的人格特質，等到症狀出現，通常都已經對心靈造成嚴重破壞。

綜合十年的諮商經驗，歸納出最常見的創傷事件有下面幾種類型，反應也會有些不同。

天災創傷讓人深陷長期的恐懼中

身處地震帶的台灣，真的有非常多潛藏的創傷。災區附近的許多民眾通常會出現暈眩、失眠、惡夢等狀況，害怕地震再度發生，甚至會有過度警戒的反應，譬如，不敢單獨一人待在室內，或是心悸、發抖、呼吸不順、肌肉緊繃等焦慮症狀。

在地震中失去親人及財產的民眾，面對如此巨大的變故，初期情緒會有過度激動或是情感麻木的狀況；其中最需要關注的是「沒有眼淚的悲傷者」，他們的心理受創嚴重，由於同時歷經災難的驚嚇及痛失親人的悲傷，在雙重打擊之下，往往會因為沒有辦法接受殘酷的現實而無法表達情緒。

對於青少年及兒童，親友應盡可能給孩子安全感，除了語言安撫之外，亦可透過肢體擁抱來降低孩子的孤單與不安。

諮商過程中發現，很多兒童經歷創傷後，會變得特別黏人、恐懼死亡，有高度的分離焦慮，不能跟家人短暫分開，看到大人難過哭泣時會阻止或逃避。也有些兒童因不知如何抒解大量情緒，會轉化成身體症狀，或是傷害自己的身體，像是會透過拔頭髮來釋放焦慮，若不及時做心理諮商，嚴重時會演變成拔毛症。

因此，可以運用不同的形式，如語言或繪畫，來引導孩子抒發害怕、哀傷的情緒；並且協助孩子用比較有效的方法來訴說災難事件，像是用「如何」取代「為何」。

天災後，如果出現下面狀況，就需要專業的協助，包括：長時間心情混亂，感覺壓力強大、自我責備、覺得快要支撐不下去；一個月後仍有麻木、遲滯、不斷回想災難景象、反覆做惡夢、身體不舒服、找不到適合的人傾訴、工作和人際無法專注，抽菸或喝酒明顯增加。

我發現不少家暴者其實都有創傷後壓力症候群，他們沒有適時做心理療癒，這股強大的情緒往往會轉變成暴力傾向，若再透過酒精的催化，更會對家人造成無可挽回的傷害。

職場危機會產生急性壓力症候群

近幾年來，很多公司都發生職場危機事件，最常出現的狀況是，員工為了爭取權益而參與「罷工遊行」。

很多人不知道，參與抗爭的過程很容易產生急性壓力症候群，除此以外，更會導致公司所有的員工身心負荷過重，長期下來也會讓工作氣氛低迷，不利於身心健康。常見的急性壓力症候群反應是，有的人會引發強烈的害怕、無助感，或是恐怖感受；有的人會反應在生理上，像是感覺麻木、頭昏眼花、失眠或噁心，甚或失去現實感、自我感。

若沒有適時抒解壓力，有些人會產生痛苦、情緒崩潰、整個人的感覺與知覺系統受損，進而干擾身體機能，出現失眠、沒胃口、身體麻痺、絕望感等狀況。

為了避免付出身心健康的代價，從心理健康的角度，還是鼓勵公司跟員工可以坐下來好好溝通，不用情緒勒索彼此，達到雙贏的境界。

▨ 氣爆人禍需要長期釋放痛苦情緒

瞬間發生的人為災難，像是氣爆事件發生之後，傷者與家屬原本平順的生活，一夕之間有了劇烈的變化，心理往往會錯綜複雜，初期的情緒反應有的會困惑震驚，不理解何以災難會發生在自己身上，接下來可能會轉為憤怒、自責，也有些人會陷入悲傷、哭泣、徬徨、害怕恐懼的情緒中。

由於氣爆還會導致燒燙傷，當事人要同時承受身體的痛楚與外貌的改變，因此，長期的情緒反應可能會變得煩躁易怒，復健的過程充滿挫折感，身心都無法放鬆，有時候會對周遭的人吹毛求疵，感覺自己快要失控了。所以，特別需要家人朋友長期的陪伴支持，協助傷者抒解情緒，一步一步接受現實狀況，恢復自我信心，可以自在地面對人群。

身體被侵犯的創傷會對人產生恐懼反應

隨著社交生活的多元化，很多人在有意識或無意識的狀況下，身體受到侵犯。但無論是被性騷擾或是被性侵害，受害者之後都會產生創傷後壓力症候群，經常沒有理由地感到害怕、驚慌、不安，對某些特定對象或情境，產生長期且高度的恐懼反應。

被侵犯後，更會對自己失去信心，害怕自己不被別人相信，對他人也常懷有高度敵意。特別是侵犯自己的人，擁有良好的公眾形象，例如口碑很好的老師、熱心公益的前輩，周遭的人都不相信自己所敘述的遭遇時，受創的傷口會更深、更痛。

有些受害者會擔心自己會無法再與異性有親密關係，常覺得自己是個不清白的人，有時會有憂鬱傾向，形成負向的自我概念。對生理的影響，會有緊張、胃腸不適等狀況；在行為上的改變，變得常常抱怨、夜尿、無法入睡，常被惡夢嚇醒。

受創後需要哪些幫助呢？

受到創傷後需要有人傾聽並且了解、包容、支持，感覺自己被相信、被信任很重要，可以讓受創者覺得自己被接納。

提供受創者足夠的安全感，尤其侵害自己的人是認識的親人、師長、同學、朋友，更需要讓受創者「免於恐懼」。並且提供醫療法律的諮詢，像是避孕，以及如何收集證物，足夠的資訊可以幫助受創者面對醫療、警方調查介入，以及其他重要的事，進而讓受創者掌握局勢，找回力量面對未來。

親人被剝奪生命會持續出現「潛伏性的痛苦」

最嚴重的創傷經驗莫過於目睹親人被他人剝奪生命，但是悲傷的反應個別差異很大，有些家人悲傷延續的時間會比較長，有些家人會持續出現「潛伏性的痛苦」，常會焦慮、流淚；有些家人會充滿罪惡感，懊惱自己未盡保護之責，失去與親人共創未來的希望。

當家庭面臨重大危機事件，由於家人都陷入悲傷中，有時候會無法從伴侶身上得到支持的力量，哀痛的家庭氣氛會形成壓力，也會改變家人原本的互動方式。

因此，擁有越多越完整的社會支持系統，包括親人、鄰居、好友的協助陪伴，就越能調適危機。特別是親人的死亡方式不在預期中，對家人最具傷害性。需要的話，亦可透過心理諮商和宗教信仰來安定情緒。

創傷事件發生後，越壓抑自我情緒，跟自己越疏離的人，通常需要走更長的療癒歷程，而且不知道會在人生的哪個階段，以什麼樣的症狀爆發出來。所以，只要覺得自己跟以前不一樣，不妨跟心理專業人員討論一下，以確保心靈健康。

PART 2

一對一心理教練：34堂擺脫煩惱的演練

Lesson 1
情緒轉換 ≫ 練習將負面情緒轉化為正面情緒

01 找到對話平台——當人際衝突影響工作情緒

淑華參與人資部門HR的行列多年，發現最棘手的狀況，莫過於處理同仁之間的衝突，有時候看似無關緊要的事情，也會引爆同仁的情緒。像淑華就曾經碰過同仁為了開關窗戶的習慣不同，一個覺得悶要開窗通風，一個覺得冷要關窗遮風，結果導致雙方產生肢體衝突，嚴重影響團隊的工作氣氛。

還有主管們為了爭取績效獎金、分紅比例而開戰，業務主管認為自己部門的功勞最大，幫公司賺進最大利潤，當然要得到實質回報；研發主管則強調自己部門的苦勞最多，為公司加班熬夜設計出最佳產品，理應獲得公平對待，怎可獨厚業務部門。兩邊主管都說得很有道理，淑華夾在中間實在為難。

而最難化解的要屬主管與同仁的紛爭，部屬反映主管EQ低、口氣差，有語言暴力；主管抱怨部屬反應慢、效率低，常錯誤百出。面對同仁交相指責的衝突狀況，淑華除了當和事佬，內心常常有深深的無力感，不知道自己還能夠做些什麼？

一對一心理教練

常見的人際衝突類型

淑華要做好「人際衝突管理」，首先要了解「人際衝突類型」。

在人際互動的過程中，由於每個人扮演的角色不同，難免會利益相抵，或意見相反，一個不小心就可能會引爆紛爭，一般常見的人際衝突類型有下面幾種。

最常見的就是「情緒衝突」，譬如看對方不順眼，無論任何事情都給對方臉色看，甚至讓對方處處碰釘子，衝突的過程明顯以發洩情緒為主，而不是著重於解決問題。這類型的衝突如果不趕快處理，就會快速蔓延，如野火燎原般，一發不可收拾。

另一種「想法衝突」起因於雙方思考邏輯不同而引發的爭辯，最常發生在做決定或是開會的時候；如果沒有適時化解，可能會演變成「是非衝突」，彼此都想要贏得勝利，證明自己的看法是對的。

更麻煩的是「假性衝突」，表面上沒有爭吵，但衝突已經進入預備狀態，舉例來說，人際群組之間不太友善的互相挑釁揶揄、講話帶刺，導致相處的氣氛充滿火藥味，衝突一觸即發。而「自尊衝突」則和個人的面子有關，倘若覺得對方讓自己丟臉，「羞愧感」往往會引爆激烈的衝突。

事實上，大多數人都很害怕面對衝突，有人會假裝衝突自動消失，有人會閃躲爭論，有人會採用權宜之計，營造問題已經處理好的假象，逃避真正問題的所在。

淑華想要協助身邊的人化解衝突，就要先了解衝突的類型，其次觀察雙方的互動模式，找到衝突的源頭，才能對症下藥。譬如說，當雙方都情緒高漲時，就要先協助兩方消化情緒，等彼此情緒緩和下來，接著再展開理性溝通，找到有效的對話平台後，別忘了最後還要重建信任感，衝突才算完全消弭。

02 情緒風暴——「心情」不好，還是「情緒」不好？

小青剛到新公司任職不久，有天工作到一半，小青突然對坐在隔壁的同仁佳佳說：「今天沒有心情上班，可以提早下班嗎？」佳佳聽完後一邊試圖開導小青：「心情欠佳不一定要早點下班呀！」一邊試圖了解原因：「是發生什麼事情讓妳沒有心情上班呢？」希望可以透過聆聽心聲協助小青順利完成工作。聊過之後，小青也沒有再多表示什麼，就默默工作到下班。

之後大約過了一個月，小青跟佳佳說：「星期六是我阿公八十大壽，請問星期五我可不可以提早下班，才能趕回南部幫阿公慶生？」聽完小青的詢問，佳佳也不敢自作主張答覆，立刻把小青的期待轉告給主管知道。雖然當時工作繁忙，主管考慮了一下，還是答應小青的請假。

可是，佳佳在週五晚間大約九點多的時候，卻在小青的Facebook上面看到她的打卡地點居然是在桃園，而不是南部。這個發現讓佳佳既震驚又難過，覺得自己被騙事小，嚴重的是，自己在不知情的狀況下被利用，間接幫助她欺瞞長官。

沒想到過了不久，小青又來告訴佳佳：「星期六是媽媽生日，週五是否可以提早回南部幫媽媽慶生？」佳佳記取上次教訓，不敢再幫助小青。可是，佳佳不能理解，何以小青常常心情不好，該如何讓她開心工作？

一對一心理教練

「心情不好」與「情緒不好」的差別

佳佳想要理解，何以小青常常心情不好，該如何讓她開心工作？首先要區分「情緒不好」和「心情不好」有什麼不同。

通常一個人「情緒不好」多半是受到特定的人物或事件的刺激而引發，所以時間比較短暫、急促。

至於「心情不好」則沒有明顯的外在刺激，並且持續的時間較長；心情不只會影響生活作息，甚至於會扭曲人們對別人的知覺感受，有些人還會有心情的週期，當一個人處於心情高昂或低落的時候，往往無法體會別人的感受。這就是為什麼佳佳會覺得小青「不顧慮別人的感受」。

心情起伏劇烈的人，在感情上大多也比較衝動，也因此，他們常會有誇大的情緒反應，無論興奮、無聊、生氣或挫折，強度都很大。當他們捲入情緒風暴中，就會瞬間變臉，這就是何以小青常常工作到一半，突然沒有原因的心情低落。由於前後的反差過大，小青常會讓佳佳不知所措，以致給人虛偽做作、難以預測的印象。

要讓心情起伏劇烈的小青好好工作，最好趁他們穩定的時候行為設限，先跟小青說明這樣的行為已經影響到其他同事，譬如：沒心情工作就提早下班，或是心情欠佳就擺臭臉等等。接著，和他們討論碰到這種狀況要如何克制自己的行為，如果不能自我約束，公司會怎麼處理。

還有跟心情波動較大的同仁互動時，佳佳不妨注意一下他們的表情反應，當他們心情轉變之際，可以多給他們一點支持，同理他們的感受，以免火上加油。

03 以客為尊——小心「耗盡症候群」上身

曉瑜在飯店工作多年，每天都要接觸顧客的情緒，喜怒哀樂都有。對服務業而言，顧客就是上帝，顧客就是衣食父母，所以幾乎大部分的同仁都把「以客為尊」當成最高指導原則。

曉瑜原本以為自己早就練成百毒不侵的心靈，不管顧客丟什麼情緒給自己，都不會受到影響，但慢慢的，曉瑜發現自己有時候會突然變得很不耐煩，這是以前從來沒有的感覺。後來曉瑜觀察其他同仁，看到同仁累積太多負面情緒後，也會出現一些反常的行為，有些同仁會變得悶悶不樂，逐漸喪失服務的熱忱；也有些同仁會變得暴躁易怒，一個不小心就會跟顧客產生不快。

在服務現場，曉瑜最怕遇到顧客大聲咆哮，為了避免影響其他顧客的觀感，曉瑜多半會低聲道歉來安撫顧客的情緒。有時也會遇到不滿服務流程的顧客，堅持要主管出來處理，而且要主管承諾處罰曉瑜才能氣消。甚至曾經出現過有顧客情緒激動到翻桌子、砸椅子的驚險場面，讓曉瑜飽受驚嚇。

還有一次曉瑜被顧客情緒性的謾罵而難過不已：「自己明明是一個人，卻被罵成一隻豬。」感覺為了工作連靈魂都被踐踏。曉瑜甚至因此產生強烈的自責感：「只有我一個人被罵，我都沒有聽到其他人被顧客罵，我覺得自己無法解決顧客的問題，做不好顧客服務的工作，好無力喔。」

當曉瑜受不了的時候，會一個人跑到廁所宣洩，痛快地哭一哭，才稍微舒服一點。但是，曉瑜覺得自己好像變得越來越孤僻，休假的時候喜歡一個人獨來獨往，不想參加任何「有人」的聚餐活動，曉瑜開始會有點「怕人」。

雖然公司也知道曉瑜受到委屈，然而，基於「顧客永遠是對的」，似乎曉瑜除了忍耐亦無法改變什麼。

一對一心理教練

小心「耗盡症候群」上身（Burn out syndrome）

台灣已經逐步從製造業轉為服務業的工作型態，兩者最大的差別就在於，製造業銷售的是有形的商品，需要靠體力組成產品。而服務業提供的是無形的感受商品，需要付出高度的熱忱，可說是「體力」與「情緒」的雙重勞動。

由此可知，從事服務業很容易面臨情緒耗損或過度延展的狀況，就像曉瑜一樣，如果每天將各種情緒塞進心裡，從來不整理照顧，久而久之，自然會爆炸開來。最常見的症狀是「耗盡症候群」（Burn out syndrome），譬如說，曉瑜開始自覺脾氣變差、很容易不耐煩，倘若放任不管，可能還會失眠、頭痛、記憶力不集中，只要一放假休息，就會覺得全身不舒服。

面對同仁的情緒困擾，有些公司會採取激發潛能的活動來提振同仁的士氣。事實上，激情亢奮會讓情緒的負荷更重，反而會加快情緒耗損的速度。也有些公司會設置一些沙包、拳擊讓同仁宣洩情緒，這種做法的危險性是，一旦同仁養成習慣，未來當同仁有情緒的時候可能會自動轉化成肢體發洩。

情緒日記

想要照顧自我情緒，比較健康安全的作法是，先找出情緒的來源，在此介紹一個我常用的方法，寫情緒日記：

- 第一步，找出引發情緒的事情，曉瑜可以覺察一下：情緒醞釀多久才發作？頻率有多高？
- 第二步，具體描述當時的感覺：曉瑜最在意的是什麼？
- 第三步，辨識情緒的狀況：曉瑜大概要花多久的時間情緒才會離開？產生情緒的時候，曉瑜會想做什麼事情？或是說些什麼話？
- 第四步，練習轉化情緒：哪些事情曉瑜有改變的餘地？哪些事情不在曉瑜的控制範圍內？有情緒的時候，曉瑜做什麼會讓感覺好過一些？曉瑜要多給自己一點鼓勵、溫暖。
- 第五步，對外尋求有用的資源：誰可以為曉瑜分憂解勞？誰能幫忙解決困難？
- 第六步，接受現實：同時也接納自己。

長期寫情緒日記，不僅可以清楚看出曉瑜情緒的波動狀況，還能找到情緒刺激的來源：什麼狀況曉瑜會覺得不舒服？什麼事情曉瑜會感到生氣？何種挫折會讓曉瑜產生沮喪感？曉瑜若能每天清理不好的情緒，就不會留下殘渣陰影，心靈即可長保新鮮健康。

04 憂鬱深淵——你有憂鬱傾向嗎？

逸文原本個性樂觀開朗，但自從她生產後，做完月子回來工作就變得怪怪的，常常表示上班很累想要休息，甚至連續兩天沒有來上班，主管蕙娟怎麼找都找不到人，後來聯絡家人才知道她得了產後憂鬱症。

人資部門淑華找逸文來晤談之後，總算慢慢了解狀況，由於逸文負責門市銷售需要長期站著工作，以致她常會覺得頭暈昏沉、精神不濟，有時會打錯資料，也因此常被主管蕙娟責備粗心不認真。

加上身材改變，讓逸文對自己的外型很沒自信，最怕遇到有老顧客跟她說：「妳怎麼變成這樣？」越來越不想出來見人。此外，逸文也不喜歡聽到同事們聊八卦，討厭同事們在她面前研究穿衣打扮，認為別人故意在嘲笑她，存心要給她好看。

雖然逸文也知道自己變得跟以前不一樣，但她卻沒有辦法控制自己的負向想法，也不曉得自己為什麼快樂不起來，無法像以前一樣輕鬆自在地跟同仁打成一片，她好害怕自己「永遠陷在憂鬱的深淵」裡，快要窒息了，常常莫名的流淚，完全體會不到初為人母的喜悅。

一對一心理教練 憂鬱傾向肢體語言和行為模式

通常有憂鬱傾向的人會出現以下這些肢體語言和行為模式：輾轉反側無法入眠，整天沒精打采、垂頭喪氣的，做什麼事情都提不起勁來。有時動作會變得比較緩慢，或是生活懶散，失去照顧自己的能力，譬如不想打扮。再來就是注意力不集中，記憶力變差，所以常會給人不專心的感覺。

也有的人會食量改變，或食不下嚥，或食不知味，無意識地吃東西。常會無緣無故想哭，臉部肌肉放鬆下垂，沒有辦法控制自己的情緒。嚴重時會孤立封閉自己，什麼事情都放在心裡，不跟外界溝通；事實上內心充滿絕望的感覺，渴望別人能夠了解其痛苦，主動伸出援手。

從逸文的行為模式判斷，確實很符合憂鬱傾向，人資部門淑華若想協助有憂鬱傾向的逸文，可以先確認逸文是否接受專業的醫療與諮商治療，並且減輕其工作負荷，暫時避免讓逸文從事需要高度精確，以及體力消耗太大的工作內容。

另外，逸文的狀況也可能是適應不良，覺得自己被人看輕、沒有價值，進而淹沒在孤獨、受傷、痛苦的情緒中不可自拔。「無助感」會讓逸文覺得自己沒有辦法做任何事情來改變狀況，同時災難化所有的事情。

無論逸文的狀況是憂鬱傾向或適應不良，第一步都先聆聽、同理逸文的感受，讓她覺得有人關心、在意自己，接著邀請逸文開放自己，讓別人有機會關心她的狀況，或給她一些協助。

最重要的是，當逸文好不容易鼓起勇氣說出深藏內心的感覺時，盡量避免在這個時候規勸她：「想開一點」，或「不要想太多」，因為這些話都在否定逸文的感受，彷彿在畫上句點，讓逸文覺得「沒有人了解她的感受」。

不妨先接納逸文的情緒，找出情緒中可能隱藏什麼困擾？再進一步協助逸文轉換情緒，從憂鬱沮喪的低潮中走出來。

05

傾聽回饋——了解「抱怨」背後的心理需求

身為主管的家豪，最近公司招募一批新進同仁負責品管工作，上班一段時間之後，家豪發現其中有一位同仁小藍不僅常常出現品質異常，而且進度落後，積壓非常多的處理單。

直屬主管家豪正煩惱該怎麼帶他才好的時候，這位新同仁小藍卻在辦公室哭了起來，還跟別人抱怨主管家豪工作分配不均，也沒有教導協助，讓小藍覺得好疲累、好不公平。

聽到這樣的抱怨，家豪真的很傻眼，因為家豪已經教小藍不下十遍，不曉得到底要怎麼教他才聽得懂？家豪完全束手無策。

一對一心理教練

了解抱怨背後的心理需求

剛進公司時，新同仁小藍對主管家豪的言行舉止，通常會比較包容，即使心中感到不滿，也會隱藏起來；可是工作一段時間後，新同仁小藍就會忍不住開始抱怨主管。

舉例來說，我見過很多新人都會抱怨主管不教導自己怎麼做，而且不斷跟主管反應：「你不教我，當然做不好。」每到下班要驗收工作成果的時候，就會引發情緒，讓主管一個頭兩個大。

這種狀況下，若主管家豪太快為自己辯解，將會使小藍封閉自我，更不敢說出真話，變得過度謹慎。假如主管家豪過度自我防衛，拒絕接受批評，則會影響小藍的坦承與開放，不利於信任感的建立。

所以，故事中的主管家豪不妨進一步了解新同仁小藍抱怨背後的心理需求，同時耐心詢問小藍：「希望我做些什麼，會感覺好過一點？」主管家豪可以藉此示範「自我開放」和「傾聽回饋」。

事實上，很多新人都像小藍一樣，會覺得自己受到不公平的待遇，總覺得自己一出狀況就被指責，而且碰到的都是比較棘手的狀況，導致情緒起伏強烈。

如果家豪想要安撫小藍的情緒，最有效的技巧是把焦點帶到小藍身上：「你似乎有不舒服的情緒，我想了解發生了什麼事情？」

無論新同仁小藍的情緒是否平復下來，都鼓勵他討論剛才所發生的事情和感受，並且留點時間給小藍放鬆強烈的情緒，讓頭腦清醒，恢復平靜。

使用「假設問句」，也可以讓小藍比較有安全感。家豪不妨詢問小藍：「如果覺得不舒服，是否能告訴我，對目前的工作氣氛有什麼感覺？」如果小藍願意說出自己的感受，就可以提供進一步解決的方法。

06 當焦慮蔓延——漸進式肌肉放鬆法

每次看到空中及地上重大交通事故的新聞，素珍就會感到渾身不舒服，而且不知道從什麼時候開始，素珍甚至會因為不敢坐飛機而抗拒去出差。

當主管淑華深入了解素珍害怕的原因時，一提到出差跟搭飛機的事情，素珍居然就出現呼吸急促、胸口發悶、全身發抖冒冷汗、肚子不舒服的症狀，當場把主管淑華嚇到不知所措，不僅立刻停止談話，之後更不敢再跟素珍提到出差一事。

事後主管淑華去跟心理專業人員求救，從來不知道「害怕」會引起這麼嚴重的生理反應，該如何協助素珍克服恐懼心理，讓素珍不會害怕搭飛機，或是乘坐大眾交通工具，順利出差完成任務？

一對一心理教練

克服「飛行畏懼症」

從素珍因為害怕搭飛機而引發的生理症狀看來，素珍可能有俗稱的「飛行畏懼症」，這是「特定對象畏懼症」中的一種，譬如說：有些人會怕坐飛機，有些人怕站在高處，有些人會極度恐懼某種動物，有些人會懼怕打針，有些人看到血就會受不了；但不管畏懼的對象、情境是什麼，他們都會出現過度或是不符合常理的持續害怕。

由於每個人的「畏懼」程度不同，有些人一想到害怕的情境，就會出現強烈的焦慮與痛苦。在這種狀況下，用安慰或說服的方法，並無法降低他們的恐懼，有時候反而會適得其反，越是強迫他們面對恐懼的事物，反倒會讓他們的焦慮漫延，更想要逃開令他們畏懼的情境。

就像素珍一樣，當主管淑華跟她提到出差跟搭飛機的事情，就出現呼吸急促、胸口發悶、全身發抖冒冷汗、肚子不舒服的症狀。

「飛行畏懼症」的成因，除了自己曾有過創傷經驗，再也不敢搭飛機之外，也有人是因為親朋好友發生過重大飛安事故而引起恐懼，亦有人是不斷接收新聞媒體傳播的災難畫面，導致陷入焦慮與痛苦的情緒中，也有人是非常恐懼墜落或搖晃的感覺；還有些人是因為「分離的焦慮」，害怕搭飛機會再也見不到心愛的人，寧可舟車勞頓也不願冒任何風險。

「飛行畏懼症」嚴重時會影響工作和生活，最常見的就是無法出差跟旅行，這個時候就需要接受專業的治療，光是叫他們「放鬆一點」或「不要緊張」是沒有用的。

如果恐懼的來源是接收太多新聞媒體傳播的災難畫面，那素珍的第一步就是先遠離媒體，關掉電視、少看新聞，接下來再尋求專業的協助。

目前研究最有效的治療方法是，有系統地降低緊張與恐懼，一方面教導素珍「漸進式肌肉放鬆法」，另一方面協助素珍將「畏懼」分不同層級，從較不害怕的情境排到最害怕的狀況，譬如從一到十，一是最不害怕的情境，十是最害怕的情境，目前素珍是在哪一個狀態，如果要稍微減少一點恐懼，可以做些什麼。克服恐懼之後，再協助素珍看到自己的進步，如此一步一步慢慢克服畏懼心理。

自我突破》將他人的要求當作進步的養分

Lesson 2

07 獲取養分——初學者的養成，就像蘑菇

小藍是建教合作的學生，剛去公司的時候面臨適應問題，最常碰到的狀況是，主管建宏對小藍的期望過高、要求較多，會不斷叨唸他：「動作太慢」，或是催促他：「手腳快一點」。久而久之，小藍因為老是挨罵而降低對工作的熱情。

由於從事服務業，小藍常會為了排班休假而和主管建宏爆發不愉快，對小藍來說，休假約會是很重要的事情，如果想要休假而休不到假，小藍的情緒就會嚴重低落，認為主管針對自己，覺得工作環境不公平；雖然內心想要抗議主管建宏的安排，但因擔心自己的實習成績

會不理想，只好咬牙忍下來。

有些時候，因為工作上的方便，小藍會沒有按照主管建宏的指示自行變更做法，不料讓主管建宏氣到堅持要處罰他，希望他能記取教訓。就像有一次，建宏規定小藍一定要把資料親自送到客戶手中，可是，小藍心想：「何必那麼麻煩，郵寄不是一樣可以完成任務，而且更有效率。」反正不講，主管建宏也不會發現。

沒有想到，主管建宏發現後強烈震怒，質疑小藍：「既不服從指令，又不尊重上司，更不肯認錯，萬一遞送過程發生意外，怎麼辦？」但小藍卻反嗆建宏：「幹嘛反應這麼大，我這樣做是懂得變通。」究竟是變通，還是偷懶，變成各說各話。

加上小藍很愛講手機，也愛滑手機，若是被主管建宏限制手機的使用，小藍就會跟別人抱怨說：「只是接個電話，主管就會在旁邊聽，覺得壓力好大。」

小藍各種表現都讓主管建宏不滿意，漸漸地，小藍從一開始的用心學習，慢慢變得消極無力，常常面帶愁容，覺得自己只是一個學生，主管建宏為什麼要對自己存有偏見。明顯感受主管對自己有差別待遇，以致工作時越來越提不起勁。

一對一心理教練

把「糞水打雜」轉化成進步學習的養分

生涯發展的過程中，無論是建教生、實習生和工讀生，都屬於成長中的「蘑菇管理階段」。因為初學者的養成歷程很像蘑菇，常被公司或主管放在不見光的角落，做些打雜跑腿、掃地倒垃圾的工作，有時候還會被糞水淋身，遭到主管與同事的責備，工作的時候也常會覺得「自生自滅」，沒有受到公司的呵護和照顧。

話雖如此，陰暗的角落、髒臭的糞水卻給了處於蘑菇階段的小藍最充足的養分，倘若小藍被放在日照過多的地方，反而會因曝光過多提早夭折。

也就是說，處於蘑菇管理階段的新鮮人、建教生、實習生和工讀生，小藍可以透過工作學習如何放下身段，先從簡單的工作開始，配合團體執行任務，鍛鍊自我的挫折容忍度。同時小藍亦可透過實習的過程，順利從學校轉換到職場，消除不切實際的想法，在最短的時間內吸取最多的實務經驗。

從公司的角度來看「蘑菇管理」，當建教生、實習生和工讀生對工作、業務還不夠熟練的時候，主管建宏多半也不會安排太過重要的工作給他們，剛好給小藍一個慢慢歷練成長的機會，即使小藍對工作還不熟悉，也不會造成公司的重大損失，可說是雙贏的合作關係。

現在很多人為了快速存到人生第一桶金，而選擇到海外打工，若從專業實力的角度來看，或許會覺得學不到東西，有點浪費時間；但若從訓練自我心理肌力強度的角度來看，就有不同的收穫。

在人生剛起步的階段，如果願意主動接受吃苦受難的工作，樂於享受平凡的基層勞力付出，可說是去除「眼高手低」、「好高騖遠」最好的特效藥。

08

找出問題點——找到人生軌道，創造工作意義

楷莉剛出社會不久，原本對未來充滿憧憬，無奈表現不如主管預期，主管直接請人資部門淑華處理，讓楷莉的心情跌落谷底。

當楷莉被邀請去跟人資專員淑華晤談時，楷莉滿腔的委屈頓時宣洩而出：「我都有做到主管的要求啊。」楷莉不理解自己到底哪裡讓主管不滿意：「該交的工作我都有交出去。」甚至會困惑：「我不記得有什麼事情做不好。」

人資專員淑華要楷莉找出工作表現不符合主管期待的可能原因，楷莉則認為責任應該在主管身上：「因為主管很忙，所以才沒有跟主管討論工作要怎麼做比較好。」

在公司裡，楷莉始終沒有找到自己的定位，內心感到很失望，覺得都是因為沒有人好好帶領自己步上軌道，才會造成目前工作狀況混亂。

楷莉私下歸因自己表現不如預期，原因出在主管安排的工作跟當初面談的內容不符合，明明來公司是應徵「活動企劃」，卻被叫去做「專案執行」，還要負責跨部門溝通。更令楷

莉無法接受的是，當其他部門主管抱怨自己能力不足時，主管非但沒有幫楷莉說話，還跟其他主管一起責備自己，完全不挺部屬，是個沒有肩膀的主管。

失望之餘，楷莉開始出現請假異常的情形，不僅工作目標無法完成，而且常會透過其他同事去向主管表達自己的需求：「主管好兇喔，可不可以麻煩你幫我去跟主管說……」或是乾脆請同仁幫自己跟主管請假：「我昨天整晚身體不舒服，一直拉肚子，拜託，幫我跟主管請一下假。」

由於一直無法融入團隊，楷莉出現想要辭職的念頭：「感覺主管這麼討厭自己，未來在公司也不會有前途了」，內心有強烈的孤單感：「資深同仁都站在主管那邊，詢問他們問題都不回答，也不幫我。」楷莉好害怕自己的人生永遠這麼悲慘，不可能變好了，越想心情越低落。

一對一心理教練

降低防衛心理，找出真正問題所在

剛踏進職場表現不如預期，楷莉內心難免焦急害怕，要小心接下來進入停滯期，需要特別注意一些重要的訊息。譬如，工作時會顯得很煩悶，像是坐立難安，或是會跟別人保持距離。

雖然每個人剛進公司的期待都不相同，可是，一旦發生不愉快或具威脅性的事情，多半會啟動防衛機制，最常見的就是否認它的存在，例如「視而不見」，或是「聽而不聞」，這就是何以人資部門淑華在了解原因時，楷莉會回答：「我都有做到。」或「我不記得……」。

人資部門淑華想要協助楷莉漸入佳境，第一步就要先降低防衛心理，才有可能找得到表現不如預期的真正問題出在哪裡。

第二步是創造自我價值與工作的意義，倘若楷莉勇於挑戰自我，積極訂定符合公司跟自我需求的目標，發自肺腑感受工作的樂趣，而不是被別人強迫來上班，自然能夠在工作上得到主管更多的肯定，形成良性的循環。

09

錯不在自己──為自己的承諾負起責任

看到新聞報導在討論「媽寶型員工」的誇張行為，就讓淑華感觸很深。這幾年淑華無論是面談新人，或是帶領新人的過程中，遇過各式各樣的媽寶型員工。舉例來說，有應徵者在面談的時候，希望面試官先跟媽媽討論過後，再跟他晤談，搞不清楚是誰要來工作。

另一位同仁由於經常無故遲到曠職，當公司忍無可忍決定資遣他時，媽媽帶著他到公司道歉，為了讓淑華再給孩子一次機會，不惜下跪道歉。看到媽媽為孩子做到這種地步，既心疼也很無奈，不知道該怎麼跟這位護子心切的媽媽溝通。

還有一位同仁則是媽媽三不五時打電話詢問孩子的工作狀況，同時不斷指導主管要如何協助她的孩子，從工作內容到午休用餐都交代得鉅細靡遺，造成淑華強大的心理負擔。

一對一心理教練

媽寶型員工的典型特徵

淑華想要引導「媽寶型員工」負起自己的責任，投入工作，需要先了解他們的心理與行為，才能增加對話的空間。所謂「媽寶型員工」亦即「滯留青春期的成年人」，他們的典型特徵就是，雖然年齡已經成年，但心理上仍舊極度依賴父母。

「媽寶型員工」對父母的依賴性會以各種不同的行為模式表現出來，包括：自尊低落，憂鬱自憐，容易沮喪，無法達成任務就開始找藉口，很難對事情負起責任，對抗所有的權威人士，不會自己做出適當的抉擇，對別人的協助不懂得感恩，總覺得別人是欠他的；常常製造緊急危機讓人難以對他們放心，碰到問題就回家搬救兵，或是上班不滿意就換工作。

但另一方面，媽寶型員工又想要擁有成年人的自由權力，例如：凡事按照自己的意願進行，想要得到什麼便要馬上得到，可是卻不想承受伴隨成長而來的痛苦與責任，為了避免負起責任，他們可能會採取下面的因應之道：

一是怪罪別人或推給別人，認為：「錯不在自己」。

二是當他們遇到解決不了的問題，馬上會變得絕望無力。

三是以為問題會自動消失，所以「只要不承認有問題就沒問題」。

四是找救兵來解決問題，爸媽當然是最佳人選。

所以，淑華想要協助媽寶型員工長大成人，最重要的就是帶領他們邁向獨立自主，可以運用思考性的語言來設立行為規範，具體的說法像是：「等你寫完報告，我再跟你討論接下來怎麼做。」一步一步帶領他們為自己的承諾負起責任。

10 負面解讀——建立信任感，降低孤立感

每當有人走過怡欣的身邊，怡欣就會懷疑對方別有意圖：「是不是對我不滿意？所以要走到後面監視我？」甚至有同仁工作累了伸個懶腰，也被怡欣解讀成：「一定是討厭我才會做這個動作」。

私底下，怡欣也會跟主管淑華反應，有某個同仁不喜歡自己，還會偷偷罵她三字經，導致怡欣情緒不好，不了解為什麼大家都要責罵她？雖然主管淑華不斷安慰怡欣：沒有同仁不滿意她，也沒有人不喜歡她。但怡欣仍然覺得自己的感覺是對的。

為了避免誤會，有些同仁乾脆不在怡欣面前說話，省得麻煩。這個舉動讓怡欣察覺，只要她走進辦公室大家就會終止談話，是不是在講她的壞話，才會不想讓她加入談話。搞得上班氣氛緊張兮兮，大家都不知道怎麼跟怡欣相處比較好。

雖然同事跟主管很想讓怡欣相信，大家沒有在背後說她壞話，但好像越描越黑，越解釋越糟。怡欣認為大家就是心裡有鬼，才會「此地無銀三百兩」，不斷地辯護。

一對一心理教練

「懷疑」常常是投射自己內在感受

怡欣之所以會老是覺得「別人對自己不滿意」，其實是根源於她「自己對自己不滿意」，這就是為什麼主管淑華不斷解釋：「沒有同仁不滿意她，也沒有人不喜歡她。」可是她都不相信的原因。

一般而言，相信自己是有能力的人，多半會正面解讀別人的訊息，也就是朝好的方向想；反之，認為自己是沒有能力的人，常常會負面解讀別人的訊息，亦即往壞的方向想。怡欣和同仁相處的過程中，倘若不斷接收到「同仁看不起我」、「大家都討厭我」、「別人嫌我笨」、「大家故意排擠我」這些負面訊息，就很容易對同事產生敵意。

除了會「負面解讀別人的訊息」以外，怡欣也有「自我連結」的傾向，會自動把所有「不好的訊息」都連結到自己身上，也因此，怡欣會把別人工作累了伸懶腰這個動作當成「針對我而來」。

平心而論，要跟「負面解讀別人的訊息」的怡欣相處，的確很辛苦也很不容易，不過還是有可能改善雙方關係。

第一步，要跟怡欣建立「信任感」，主管淑華不妨先讓怡欣說出自己的想法和感受，譬如：說說自己對其他同仁的反應是什麼感受？尤其是面對「批評」的感受是什麼？或是詢問怡欣：「是什麼讓妳覺得別人不友善？」

還有在怡欣述說的過程中，主管淑華最好避免太快解釋，或否定她的感覺，舉例來說：「沒有同仁對妳不滿意。」或是「大家不是這個意思」，這些話語非但達不到安慰的效果，反而造成「否定的效果」。

要降低怡欣「孤立感」的最佳解藥就是，主管淑華可以漸進式引導怡欣參與公司的活動，努力創造正向的互動，鼓勵怡欣慢慢跟同仁互相分享。一方面讓別人有機會了解怡欣，另一方面也讓同仁澄清誤會。當怡欣的溝通技巧越好，孤立現象自然就會越少。

11 解決問題——學習CASVE決策能力

端正是剛出社會的職場新鮮人，很幸運地，研究所一畢業就找到工作，原本充滿期待地加入上班族的行列，誰曉得進公司之後卻遇到一大堆問題。端正既不敢亂做也找不到人問，每天上班都像漂浮在海中，不知該何去何從？

在公司裡端正的資歷最淺、層級最低，上面還有三個主管，照理說應該會有人帶領、教導，可是，偏偏端正的大主管超級忙碌，幾乎都不在辦公室裡，每次回公司就是交辦工作事項，把事情丟給端正後便又匆匆忙忙趕去開會。二級主管跟端正一樣才剛進公司不久，所以也無法掌握整體狀況。三級主管則是缺乏動力，凡事都要端正「自己去想辦法」，希望端正「獨立完成任務」。

雖然端正在大學和研究所有過打工經驗，但還是有很多事情不明白、不了解，需要主管們從旁協助，就算沒有SOP作業流程，至少給一些指令和方向也好，而不是像現在一樣，主管抱著「師父領進門，修行在個人」的態度，對於過程完全不聞不問，只要求達成任務，做不好還要被責備。這是端正人生第一份正式工作，沒有想到會這麼不受重視，感覺好挫折。但也激發端正克服問題的決心，想要靠自己的力量找到方向，學會解決問題的技巧。

一對一心理教練 學習CASVE決策能力

對於工作歷練較少的職場新鮮人端正來說，一個人孤軍奮鬥的感覺真的好無助，不過令人感動的是，端正非但沒有被挫折沮喪擊垮，反而激發出解決問題的動力，相信端正職涯發展會如倒吃甘蔗般漸入佳境，越來越甜美。

在此提供職涯諮商大師Peterson的「CASVE決策能力」，技巧簡單具體，希望能夠協助端正快速找到方向，解決各種問題。執行步驟如下：

第一步是與問題溝通（Communication）。有時候「問題」之所以會出現，是因為理想狀態與實際狀態之間有了落差，落差越大，通常伴隨的情緒也越強。譬如說，端正很容易被焦慮、失望、不滿、憂鬱等情緒淹沒，這個時候唯有先消除情緒，才能夠幫端正看清問題的真正所在。

第二步是分析（Analysis）對自己的了解程度。端正不妨先解析自己的各種特質，然後才能將自我充分發揮出來。

第三步是運用思考能力（Synthesis）。端正可以從擴散性思考開始，自由聯想對解決問題有幫助的各種可能方案，接著再聚斂性思考，運用細密的收網功夫，將各種不適宜的方案予以刪除或剪裁。

第四步是選擇評估（Valuing）。當端正對自己沒有把握的時候，難免會擔心自己無法做出正確的判斷，此時在情緒上容易焦慮不安、心浮氣躁；在行為上容易猶豫、逃避、退縮。若端正想要鍛鍊自己的決策能力，一方面端正可以針對不同的方案評估利弊得失，分析各方案有利的因素是什麼？不利的因素是什麼？還有要如何化解或是減少不利的因素。另一方面，端正也能依據事情的重要性排列優先順序，事後再檢討決策的結果，久而久之自然能夠培養出驚人的判斷力。

第五步是執行（Execution）計畫採取行動。執行之前，端正先分析看看方案「有效性」如何？解決問題的效果好不好？同時端正也嘗試分析方案的「可行性」如何，容不容易執行？比較後選擇「可行性」高，「有效性」亦高的方案，最後再跟三位主管討論並確定此方案的具體實施步驟。

12 鍛鍊挫折容忍力——承擔被拒絕、失敗的風險

對明莉而言，業務工作既有挑戰性，又有高壓性。隨著市場趨勢的變幻莫測，加上難以掌握的客戶心理，公司裡很多從事業務的同仁都陷入高度壓力的狀態，有些同仁選擇棄械逃亡，藉由離職來解除壓力；亦有同仁陣亡沙場，被迫回家吃自己。

明莉記得剛做業務時，只要被客戶拒絕個幾次，就會視出門拜訪客戶為畏途，不太敢開口跟客戶講解產品的特色，會期望資深的業務同仁可以先行示範銷售，自己在旁觀摩學習即可。

就算通過菜鳥階段的考驗，也不代表從此一路業績長紅。明莉發現，從事業務工作很容易「先盛後衰」，一開始衝勁十足，之後進入撞牆期，有時一連好幾個月業績都掛零。明莉也曾經陷入撞牆期，對自己失去信心，反映在行為上就是發呆沉默、遲到早退，無法專注於工作。

要是業績始終不如預期時，真的會產生悲憤的情緒，明莉常常想不通：「該說的都說了，該做的都做了，為什麼仍然沒有客戶下單？」也會忍不住哀怨起來：「為什麼我如此努

力卻沒有業績？別人沒有我努力，業績卻比我好？」

當業績競爭進入白熱化，大部分的業務同仁皆很忌諱別人來踩自己的線，更不能接受訂單被別人搶走，萬一不小心擦槍走火，免不了引爆一場業績衝突。

以前的明莉自視甚高，覺得自己絕對不會碰其他同仁的客戶，可是，當業績壓力大到極限，客戶又剛好來詢問資料時，就會告訴自己：「我沒有搶別人的客戶，是客戶自己來找我的。」

常常聽到業務同仁抱怨：「績效獎金目標訂這麼高，好處看得到吃不到。」明莉內心也好希望公司可以降低業績目標，多給一點資源支持。但憑良心說，業績就是公司的命脈，經營要有利潤，公司才能存活，因此也很難按照同仁期望降低業績目標。明莉不斷生活在「努力達到業績目標，然後歸零，再努力達成業績目標」的循環中，沒有一刻可以停下來喘口氣，有時難免會覺得身心疲累，不知道這樣的壓力有沒有可能減輕一點。

一對一心理教練

承擔「被人拒絕」、「失敗挫折」的風險

在所有的工作職務中，業務同仁需要承擔的「被人拒絕」、「失敗挫折」的風險大概是

最高的，所以，選擇業務工作最好具備堅韌的人格特質，才能專注地投入工作，即使遇到困難也可以主動迎接挑戰，相信自己有能力克服逆境、完成業績目標。

當明莉長期深陷挫折中，就會不自覺預期未來也會面臨失敗的命運，引發強烈的無助感，連帶失去學習的動力。倘若明莉的個性又很容易焦慮，業績表現不佳時，便會逃避不想面對，久而久之，想法就會變得消極僵化，適應力跟著越來越衰退。

事實上，遇到困難正好是鍛鍊挫折容忍力的最佳時機，明莉想要突破瓶頸，就要培養抓住機緣的態度。

首先，讓自己保有好奇心，積極開發各種新的學習機會。

接著，以開放的態度來看待挫折事件，從失敗中吸收養分。

然後，增加自我彈性，當事情走向不如預期時，明莉要學習接納，調整應對的態度。

同時，激發樂觀的心理，從工作中找到樂趣，從完成中感受成就。

最後，鼓勵自己勇敢去冒險，風險雖然會讓明莉焦慮不安，但也會帶來新的契機，勇於創造機會，快樂享受收穫的成果，自然能夠形成正向循環，讓明莉越挫越勇。

13 工作倦怠——建立人脈關係，形成保護膜

明莉從事店面銷售工作，也就是俗稱的店員，明莉很喜歡銷售產品，業績也做得不錯，幾乎店裡百分之七十的業績都是明莉一個人衝刺出來的。顧客都以為明莉領到高額獎金，其實剛好相反，因為公司採取共同獎金制度，並非依照業績發獎金，而是根據年資發獎金，以致業績越好，明莉心裡就越覺得不平衡。

常常聽說其他公司的店員會為了業績互搶客人，這種現象在明莉公司絕對不會發生，反

倒是資深店員會督促資淺店員去招呼客人，並且指使資淺店員做這做那的。

此外，資深店員還會不斷教訓資淺店員：「年輕人就是需要訓練才能成長。」或是倚老賣老地責備資淺店員：「多做一點會怎麼樣，做人不要太計較。」

每天忍氣吞聲累積大量的無奈情緒，已經快要耗光明莉對顧客的熱情，明莉開始徬徨是否要離開公司另謀出路，可是又覺得可惜，在這裡也真的學到很多銷售技巧，擁有許多忠誠的顧客。

有時候明莉會自我安慰，或許就是因資深店員把顧客都推給自己，才能夠業績長紅；但是看到他們坐享其成，又會感到憤憤不平，讓明莉工作時情緒常會起伏不定。

一對一心理教練

長期心理不平衡，容易導致工作倦怠現象

從敘述的過程中，發現明莉已經出現典型的工作倦怠現象：

一是情緒耗竭，工作的時候會覺得情緒過度緊繃或是情緒低落。

二是喪失動力，對工作的勝任感與成就感都大幅降低。

三是冷漠無感，當我們處於理想破滅或是不信任同仁時，便會對服務對象喪失感覺，出現冷漠或情感隔離的狀況。

這種狀況如果置之不理，的確會危害身心健康，所以，明莉最好儘快調整心理，一方面消化不平的情緒，另一方面找到與資深同仁的相處之道，讓自己逐步恢復對工作的熱忱。

一般而言，資深同仁會因害怕自己的「好處」、「地位」和「重要性」被資淺同仁取代，進而設計出許多預防之道，是可以理解的。不過，如果為了保護自身的利益，過度剝奪資淺同仁的福利，的確會累積大量不平的情緒。為了消化情緒，明莉不妨使用「自我肯定表達」來跟資深同仁溝通。

第一步是**「描述事件」**（describe）：想要清楚傳遞訊息，最好以不帶情緒、不加批判的方式描述事件。

第二步是**「表達感覺」**（express）：具體說出自己的感覺。

第三步是**「明確說出你希望對方做些什麼」**（specify）。

舉例來說，當明莉忙到分身乏術，資深同仁又指使明莉去做這做那的時候，明莉可以口氣平靜地跟對方說：「我現在正忙於處理這件事情，如果你交代的事情很緊急，就需要其他人的支援與協助，我可能無法同時處理兩件事情。」

當明莉熟悉公司的運作情形，慢慢建立了人脈關係，找到了自己的工作價值，自然會形成一層最佳保護膜。處於不平衡的狀態下，若時間不長，明莉可以當成是一種磨練機會，體會人生百態；但若時間太長，明莉就要認真思考，值不值得犧牲自己的心靈健康。

14 雙重壓力——上下夾攻，裡外不是人

資深同仁怡娟趁著組長佳家出國期間，集結其他同仁越級向經理大偉控訴組長：「工作分配不均，能力不如自己卻當上主管，大家都不服組長佳家的領導」，請求經理主持公道。偏偏經理大偉是空降部隊，完全不了解部門狀況，聽信資深同仁怡娟對組長佳家的指控，佳家回國之後立即遭到經理大偉約談。

當佳家發現怡娟居然利用出國機會背後捅自己一刀，馬上反擊回去，舉發怡娟的惡劣行徑：「上班看盤投資、打混摸魚」，以前容忍不報，現在忍無可忍，同時也對新來的經理大偉感到失望至極。

從此以後，同仁受到怡娟的影響，都不跟組長佳家報告，即使佳家人在現場，同仁也直接越級跟大偉請示，讓佳家覺得很不被尊重。

這個時候，經理大偉態度也轉變了，從關心詢問佳家到看不下去，開始介入管理，直接下達指令要求同仁做這做那。大偉告訴佳家的理由是：「不是我要雞婆，也不是我吃飽很

開，如果我不跳下來指揮，難道放著同仁作業大亂嗎？流動率偏高不是你的問題，是誰的問題，為什麼就是做不好？」

在大偉的強勢介入下，佳家非但沒有比較輕鬆反而身心俱疲，情緒越來越低落，一方面生氣怡娟：「越級報告，打破職場倫理」，另一方面覺得自己既沒有立場、也失去主權：「老是被經理扯後腿」，乾脆將整個部門丟給經理大偉負責好了，自己夾在中間兩面不討好。

一對一心理教練

面對「越級」的雙重壓力

從心理的角度來看，怡娟越級報告，還有主管大偉越級管理的情形，之所以層出不窮，有下面這幾種可能性：

最常見的「越級」狀況是，怡娟認為越高層越有權力，所以跟高層報告比較容易受到重視，或是得到好處。這就是何以組長佳家就算人在現場，怡娟依然直接越級跟經理大偉請示的原因。

相對的，也有許多主管喜歡向下收集民情，掌握不同管理階層的狀況，一個不小心就會越級指揮。或是覺得自己是最高主管，公司所有同仁都歸自己調度，哪裡算是越級。但有時候主管是不得已越級，譬如說，上層指示無法精確下達，大偉只好越級說明溝通；或是中階主管出現重大失誤的事件，必須越級舉發不法，以維護公司利益。

但不可否認，「越級」常常很「有效」，不少問題反映老半天都沒人關注，結果一越級報告馬上就獲得解決。至於「越級管理」的負面影響是，會讓中階主管佳家產成大量的挫折感，久而久之，會不相信自己的判斷力，變得對高階主管過度依賴，或是引發反抗心理。

倘若是同仁「越級報告」則會嚴重破壞信任感，就像組長佳家「老是覺得被扯後腿」，上司下屬互相不支持，工作自然很難順暢進行。

想要減少「越級」的情形，首先要檢查公司裡是否有鼓勵「越級」的環境，假如有的話，就要拿掉「越級」的好處，才能回歸分層負責的工作環境。

再者，中階主管佳家不妨也消化安撫自我的情緒，覺察一下，「越級」的情形是如何形成的？自己是否亦有忽略的地方？同仁怡娟的訴求有沒有值得參考的價值？

陷入「上下夾攻」的情境中，真的非常煎熬，也很耗損心理能量，佳家需要幫助自己用有建設性的方法做好上下的溝通協調，重新獲得主管與同仁的尊重，同時重建對主管與同仁的信任。

15 雙向思考——服從並不是喪失尊嚴

婉婷在公司負責人事行政事務，常常需要催促同仁完成公司規定的政策。舉例來說，公司規定同仁每天都要將行程輸入電腦，以方便追蹤同仁的工作進度，但就是有同仁不願意配合。

有的同仁會找藉口拖延：「好啦，等下再做。」

有的同仁則是用其他事情暫緩執行：「安排行程需要一點時間，我跟客戶約好了，現在必須先去拜訪客戶。」

有的同仁雖然口頭上爽快答應：「沒問題，別擔心，我會儘快完成。」結果依然故我，也是沒有上傳行程。

每天催促同仁上傳行程，已經讓婉婷身心俱疲，另一方面還要承擔來自主管建宏的壓力，認為婉婷沒有讓同仁依規定準時上傳行程，就是怠忽職守。雙重壓力讓婉婷常常拉肚子，吃不下東西，不知道何時才能結束這種夢魘。

一對一心理教練

了解同仁反抗公司政策的心理

同仁不遵守公司的規定，確實會令婉婷一個頭兩個大，一方面很難跟主管建宏交代，另一方面也易引發其他同仁的抗議或仿效。婉婷是政策的協助執行人員，夾在上下之間，真的是最辛苦，也是最無奈的。

要讓同仁確實遵守公司政策，解鈴還需繫鈴人，依然要由公司主管建宏出面，好好跟同仁商量討論，深入了解他們抗拒的心理，才能改變狀況。

一般而言，有三種類型的同仁最愛反抗既定政策：第一種是愛唱反調型的同仁，第二種是陽奉陰違型的同仁，第三種是逃避型的同仁。

對愛唱反調的同仁來說，「服從」就等於「喪失尊嚴」，就等於「逢迎拍馬」。所以，當公司主管交辦新任務、發佈新政策時，他們會積極爭取主控權，每件事情都要自己做決定，既不接受主管的安排或決定，更厭惡乖乖跟別人報告進度，也因此他們常常給人不遵守公司規定的印象。

要讓唱反調的同仁放棄主控權，聽從公司主管建宏的領導，首先建宏要了解他們的反抗心理，然後放下身段跟他們建立關係，平時多抽空聽聽他們的意見，這樣當建宏需要他們的配合時，他們才會念在彼此交情上，賣一點面子。

而陽奉陰違型同仁最明顯的特徵是，工作時他們會依照自己的時間表進行，當公司進度跟他們不同時，他們或故意拖延，或一再出現錯誤，以掩飾內心的焦慮。為了自我保護，他們常會逃避責任、挑剔同事，想法也傾向消極負向，既不信任別人，也無法自我肯定。

想叫陽奉陰違型的同仁配合公司的規定，最好給其具體清晰的指令，同時協助他們做角色扮演，練習站在別人的立場思考事情，另外再給予他們自我肯定訓練，逐步建立對同仁的信賴感。

至於逃避型同仁的典型行為是，當他們自覺做不好，或者承受不了壓力時，就會突然消失，讓人措手不及。碰到逃避型同仁消失不見的狀況，不妨多給他們一點支持與同理，然後協助他們學習新事物、熟悉新政策。這個時候，如果再責備他們，會讓他們內心更加恐懼愧疚，反倒把力氣放在抗拒逃避，不利於新規定的推行。

反過來，在制定新政策、新制度的時候，非常需要「雙向思考」，從不同的角度理解同仁的想法與感受，自然能夠降低同仁無謂的抗拒，減少彼此心理能量的耗損。

16 自戀型人格——欣賞自己，也要懂得欣賞別人

公司新進一個學經歷都很優秀的同事鴻源，原本老闆和主管對他寄予厚望，期望他能夠發揮專業，為公司帶來最高的績效。

沒想到鴻源是一個「自我感覺良好」的人，雖然才來公司沒多久，開會時他卻總是拍胸保證：「只要放手給我去做，必定會大有收穫。」鴻源也會跟主管強調：「只有我的計畫對公司營運有實質助益。」如果有人不認同鴻源的說法，他甚至在會議進行中拂袖而去，或是當眾大聲咆哮。此外，鴻源還不斷在各種場合表示：「公司只靠我一個人，沒有我不行，其他人什麼事情都做不好。」

若他真的像自己所說的「對公司營運有實質助益」，大家也樂見其成，但事實上鴻源的計畫都沒有達成，要是問他案子進行得如何？他就會回答：「我只負責計畫，這個案子我親自去跑，不符合成本效益。」每次接到新案子的時候，鴻源就會主動跟主管要求：「該給多少獎金。」

鴻源種種行為都讓大家無言以對。可是，大家也不知道要如何讓鴻源看到自己的問題：能夠務實執行任務，而不是只會說大話，卻沒有成果。

一對一心理教練

「自戀型人格」渴望被重視與重用

鴻源的行為模式，明顯是屬於「自戀型人格」，也就是俗稱「自我感覺良好」的人，他們對別人缺乏同理心，很少考慮別人的需要和感受，只顧著爭取自己的好處，完全漠視別人的苦難。

做事情前他們都會先問：「對自己有什麼好處？」和別人來往的時候，他們也很關心：「能獲得多少好處？」所以，鴻源會主動跟主管要求：「該給多少獎金。」由於他們只在乎自己的利益，當然就很難兼顧到別人的感受。

工作的時候，自戀型的人多半會極端在意自己的表現，渴望獲得老闆或主管的「重視」和「重用」，有時候會不擇手段製造「完美印象」。這就是何以鴻源會強調「公司只靠我一個人，沒有我不行，其他人什麼事情都做不好。」過度突顯自己的重要性，自然會讓鴻源不易與同仁合作共事。

團隊合作的時候，自戀型的人很容易生氣，總覺得別人不如自己，認為「不遭人忌是庸才」，也因此，鴻源多半不接受其他同仁的批評，常會誤以為同事在忌妒、拒絕自己。自戀型的人在公司中常會死命爭取「最高頭銜」與「最高榮譽」，倘若別人不以為然，他們就會認為對方是「忌妒自己的才華」。

由於自戀型的人覺得自己是「身分特殊」的VIP，走到哪裡別人都應該給他們「特殊禮遇」，不然就是有眼不識泰山。這些想法和行為，難免會對其他的人造成困擾，一味退讓自戀型的人，他們很可能會得寸進尺。

先欣賞自戀型的優點，再帶他們欣賞別人

通常自我感覺良好的人，多半不知道自己的言行會給別人什麼感受，他們必須藉由自我膨脹才能感受到自己的存在感。所以，主管、同仁跟自戀型的鴻源相處時，如果先欣賞他的優點，比較能夠降低他的防衛。

自戀型的注意力往往只集中在自我身上，所以，主管、同仁若能讓鴻源覺察到自己的行

為對別人造成的影響，可說是一個重大突破。

主管和同仁下一步努力的方向，試著帶領自戀型的鴻源學著尊重別人的想法與立場，多多同理別人的感受。

日常生活中，鴻源可以學習養成使用「假設問句」的說話習慣：「如果我是對方，我會怎麼做？我會有什麼感覺？」了解別人的感覺後，第三步，請自鴻源經常以「需要」兩個字來造句，譬如：「我可以滿足別人的需要嗎？」

一步一步將關心的焦點從自己擴大到別人身上，一方面跟別人建立平等互惠的關係，另一方面與別人分享自己的資源，雙管齊下，讓自戀型的鴻源慢慢領悟「欣賞自己，也欣賞別人」的道理。

17 固執己見——阿德勒的「刺激問句」能找出改變契機

在公司擔任組長職務的家豪，為了配合產業快速變動，常常需要調整同仁的工作內容，或是臨時交辦新的任務。大部分同仁都努力跟上公司的成長步調，但就是有同仁小藍非常固執，每次分派任務，小藍就會推說：「這不屬於我的工作範圍，我不知道怎麼做，你找懂的人去做。」

既然小藍不肯接新工作，組長家豪只好請他去支援別的同仁，此時他又會不合作地表示：「我只把自己份內的工作做好，其他人的事情我無法幫忙。」更叫家豪生氣的是，小藍還會特別強調：「當我有困難的時候誰來幫我？」家豪完全沒辦法跟他溝通，常常陷入苦思，努力尋找讓小藍懂得變通的方法，但總是被打回來，導致家豪有很強的挫折感，好像沒有路可以走了。

一對一心理教練

「固執己見」是以不合群來掩飾內心的焦慮感

固執己見的人，常常是以不合群來掩飾內心的焦慮感。一般而言，他們剛到新環境，或是初接新工作都會比較難以適應，如果組長家豪可以先了解小藍過往的工作習慣，從重複性、結構性的工作開始入手，然後再給小藍適度的學習空間，比較可以讓固執的小藍進入狀況。

「變通」即是處理與判斷事情的能力，這裡提供組長家豪幾個培養小藍應變力的方向，或許可以幫助固執的小藍找到更好的做事方法。下面這幾個問句，能夠引領固執型的人從不同的角度思考：

- 假設這件事情必須重做一遍，會有什麼不同的做法嗎？
- 若是其他人負責這件事情，會給別人什麼建議呢？
- 如何確保事情順利進行？可能會發生哪些狀況？
- 萬一發生意外狀況，有哪些因應方法？或是求救單位？

只要事前把「各種可能發生的狀況」先想一遍，並且掌握「不會處理的問題就開口問別人」的原則，相信再固執的人都可以找到變通之道。

另一個有趣又有效的方法是，不妨詢問小藍童年時期學騎腳踏車的經驗，根據阿德勒的刺激問句，很多小時候的學習經驗，會跟我們學習新事物的經驗相類似。

- 會騎腳踏車嗎？
- 第一次騎腳踏車的經驗如何？
- 如何學會騎腳踏車的？

從中可以挖掘小藍「學習新事物」的成功經驗，進而找到現在改變的契機。

18

支持性關懷——當出現創傷後壓力症候群

敏慧的公司近來氣氛詭異不安，瀰漫著難過悲傷的情緒。因為同仁謙毅用非常激烈的方式結束自己的生命。謙毅一直以來都很有責任感，對公司的配合度也很高，痛失英才之後，在公司擔任人資專員的敏慧想要深入了解謙毅輕生的原因，以防再有不幸的悲劇發生。

經過訪談才知道，謙毅的家庭狀況頗為複雜，母親因為父親長期外遇而精神狀況不太穩定，父親更是拋家棄子跟小三遠走高飛，唯一的妹妹也生病導致開銷龐大，全家的經濟重擔都壓在謙毅的身上，難免在工作的時候會表現出不滿的情緒，常常感嘆自己究竟欠了家人多少債，怎麼還都還不完。出事之前，幾個走得比較近的同事好像聽謙毅提到，交往多年的女友結婚了，但新郎卻不是自己。

從此謙毅就變得安靜沉默，雖然部門同事都很關心他的狀況，但謙毅總是淡淡地表示：「我沒事，什麼都不重要了。」因此事情發生後，很多同事都非常自責，特別是謙毅的直屬上司慈文更是懊惱：為什麼沒有察覺異樣？認為其他同事一定覺得自己不是個好主管，沒多久慈文就跟公司提出辭呈。

一對一心理教練

降低同仁的恐懼與焦慮

公司有同仁自殺往生，對其他同仁造成的影響是不可輕忽的，尤其是心理的傷害更是深遠沉重，往往會引發同仁大量的焦慮感，這個時候，可以藉由專業的心理諮商來減低同仁恐懼與焦慮。並且協助同仁控制情緒，找出抒解情緒壓力的可能方法。

第一步：降低同部門同仁的恐懼與焦慮、愧疚感。

同部門的同仁由於與謙毅朝夕相處，通常情緒反應最為強烈，想要安頓身心，可以透過小團體的方式聆聽同仁心聲與感受，同時使用ＨＲＶ（Heart Rate Variability）情緒儀進行檢測，一方面可讓同仁清楚看到自己的情緒狀態，另一方面在心理師的引領下學習如何掌握情緒脈動，能有效放鬆壓力狀態。這個階段很重要，若沒有及時協助，會讓同仁的人際互動關係產生微妙的變化。

第二步：關懷第一現場同仁的身心健康，盡快安排同仁做心理諮商。

在第一現場協助處理的同仁多半會出現創傷後壓力症候群（PTSD），例如經常沒來由地感到害怕、驚慌，腦海裡不斷浮現恐怖畫面，對某些特定對象或情境會產生長期且高度的恐懼反應，身體上會感到緊張、胃腸不適，行為上也會連帶改變，包括惡夢、夜尿、失眠、失常等等。

第三步：長期進行全體同仁的支持性關懷。

危機事件發生之後，相關人員大多精疲力竭，特別是人資敏慧和主管慈文，莫不希望盡速回復正常。這個時候，公司全部同仁的集體性負面情緒，需要共同性的治療與關注，如果沒有及時處理，有些紀律問題會逐漸浮現，譬如，同仁開始對公司感到憤怒，或是採取不合作態度，或乾脆離職。所以，長期的支持與關懷可說是協助同仁渡過危機的重要力量。

19 比較心理——「努力才會成功」是一種歸因偏誤

出社會的時間越久，家豪就越發覺得，「談錢傷感情」這句話真的一點也沒錯。在家豪的公司裡，無論哪一個部門的同仁，也不管雙方平日交情如何，只要牽扯到獎金就會吵翻天，讓主管或是人資部門難以擺平各種利益糾葛。

拿生產部門為例，有些同仁但求速度快、獎金多，做得快、能賺錢最重要，至於品質好壞則完全不在意。結果注重品質的同仁因為慢工出細活，領到的獎金遠不及良率欠佳的同仁，久而久之，難免會有嫌隙不快。還有同仁為了多賺點外快而加班，導致激勵獎金拿得比別人少，這樣他們也不能接受，感覺自己的權益嚴重受損，不斷來人資部門吵鬧不休。

有趣的是，公司很多同仁都覺得自己比別人認真，可是卻領不到獎金，便一致認為八成是自己沒有積極爭取，才會拿不到應得的獎金，於是就卯足勁抱怨：「為什麼別人有獎金，我沒有」，甚至會為此心情不好而請假。

同仁為爭取獎金拼盡全力，卻很少有人靜下心來想一想：這樣的結果是如何造成的？

一對一心理教練
「比較心理」與「歸因偏誤」的現象

從心理學的角度來看「獎金制度」，原本這是設計來增強同仁的「正向行為」，激勵同仁的「工作效率」。

但從家豪公司同仁的行為模式可以發現，獎金的發放似乎沒有達到原本預期的效果，這個時候，不妨思考一下，獎金制度的設計是否出現漏洞？增強的不是同仁的正向行為（做得快又好），而是造成公司必須承擔負向結果，同仁只求快不求好，反倒讓產品的良率大幅下降。

事實上，同仁每個行為的出現都是有原因的，特別是大部分同仁的行為都朝同一方向進行時，家豪更要審視：「同仁為獎金吵翻天的狀況」是如何形成的？

有可能是同仁出現「比較心理」，看不得別人比自己好，但又不承認問題出在自己身上，所以出現「歸因偏誤」的現象，過度苛責主管和同事，卻又過度寬待自己的行為。

事實上，很多人都有「歸因偏誤」的狀況，最常見的例子是，看到別人成功就歸因於「他運氣好才會成功」；看到別人失敗，就歸因於「他個性不好才會失敗」。相反的，當自己成功時就歸因於「我非常努力才會成功」；當自己失敗時就歸因於「我運氣不好才會失敗」。

想要改善獎金制度帶來的困惱，家豪最好回歸到同仁的工作動機，除了用獎金提升同仁的努力意願外，更要帶動同仁的工作使命感與意義感，才能夠相輔相成，為公司帶來最大福祉。

20 A型性格——嘗試把腳步放慢

婉婷公司的主管建宏非常喜歡用 LINE 交辦工作，其中最讓婉婷生氣的是：「怎麼會有這種主管？星期天早上六點居然 LINE 我說：星期一早上八點要交工作分析報告跟銷售報告。」

婉婷不能理解主管建宏的做法：「一定要這樣逼迫人嗎？我平日工作壓力大已經很難入睡了，好不容易假日可以稍微補個眠，又來干擾我的睡眠，這樣我完全沒有生活品質，根本無法好好休息。」

何以主管建宏連假日都要用LINE交代事情？建宏的解釋是：「我很重視效率，我覺得時間管理很重要，假日用LINE通知他們，是希望同仁可以準時，時間到東西就要交出來，好心提醒他們。」

而建宏也不能忍受婉婷：「明明顯示『已讀』，他們卻毫無回應，我最討厭他們沒有立即回報，當下就要有反應才對。」對於自己的做法引發婉婷情緒反彈，主管建宏也有話說：「我喜歡認真工作的同仁，就是因為這位同仁平常盡心盡力，我才想督促她成為接班人，更何況，假日這麼長，花一點時間處理公事也不為過吧。」

面對主管建宏的重用，婉婷卻感受不到：「希望主管可以對我多點信任感，如果自己能夠把事情做好，就不必再回報，除非我沒有辦法完成才會跟主管報告。我是個獨立的個體，期望有自己的工作步驟，也需要被尊重，而非事事按照主管的意思去做。」

主管建宏跟婉婷各說各話，彼此都感覺「不受尊重」，但又不知道要如何讓對方尊重自己，讓互動的過程可以更順暢、任務的達成更有效率。

簡訊溝通容易引發誤會

科技產品的發明原本是讓人際溝通更加方便快速、彼此之間更有連結感，但若運用時間不恰當，例如三更半夜傳LINE給別人；或是表達方式太過「介入指導式」，像主管建宏直接要求婉婷按照自己的意見來做，就會給人公私不分、剝奪休閒生活的不良感受。

再者，從上面的敘述中發現，主管建宏的行為屬於「A型性格」，典型的A型性格特徵包括：工作的時候經常一心二用，有用不完的精力，越忙越有勁，會用盡一切力氣，想盡辦法達到目標，習慣壓縮時間，總是在最短的時間內完成最多事情，常會為了一口氣完成工作而加班熬夜，認為「休閒娛樂就是浪費時間」，寧可將時間精力用來追求高成就。

也因此，在與同仁的互動過程中，擁有A型性格的主管建宏明顯缺乏耐心，無法忍受等待，總是要婉婷「馬上辦」、「立刻做」，如果婉婷不順從自己，往往會對婉婷口出惡言，容易被小事激怒，所以辦公室的人際關係有時會處於競爭衝突的狀態。

若主管建宏覺察自己有A型性格，不妨試著把速度放慢一點，以免身心長期處於緊張焦慮，很容易轉成壓迫婉婷的行為，影響辦公室裡的互信關係。另外在溝通的方式上，主管建宏最好也從「介入指導式」轉變成「支持同理式」，多用LINE來關懷、鼓勵、讚賞、支持婉婷，用尊重的態度讓婉婷感受到主管「正向、安全、開放」的帶領，婉婷才會願意主動回LINE，想跟主管建宏多點互動。

21

責備型性格——從批評中聽出期待

公司有一位眾所皆知的主管建宏經常在公開場合指責員工「很爛」，或是上班時氣沖沖跑到人資部門咆嘯：「你們找這麼爛的員工要我怎麼帶。」堅持要人資部門淘汰不適任的員工，重新招聘優秀人才。甚至連客戶也看不順眼，建宏有時會不客氣地拍桌怒斥：「這麼爛的客戶根本不應該合作。」更麻煩的是，他還會在臉書上面批評公司與客戶，讓公司其他同仁腹背受敵裡外都難做人。

建宏帶領的部門不僅員工流動性高，而且團隊士氣低落，偏偏建宏認為會造成這種狀況，都是人資部門找人有問題，必須好好檢討反省。

雖然建宏已經嚴重影響公司的運作，導致人才大量流失，可是大家礙於建宏的主管身分，都敢怒不敢言。而少數留在建宏部門工作的同仁，不管何時都戰戰兢兢，一刻也不敢放鬆。

一對一心理教練

「責備型」總是處在防備狀態

主管建宏的溝通模式屬於典型的「責備型」，和別人溝通的時候，總是處在防備狀態。如果仔細觀察，會發現責備型的建宏，全身的肌肉都是緊縮僵硬的，罵人的時候呼吸急促、喉嚨緊縮、聲音大而尖銳、眼睛突出、臉部漲紅。

責備型的人喜歡處處表現得很優越，凡事以自我為中心，無論對任何事情都要批評兩句。他們最常掛在嘴上的話是「如果不是因為你……」或「為什麼你從來不那樣做？」或「為什麼你老是這樣？」

相信不少人都很困惑：何以建宏這麼愛責備批評別人？事實上，生氣怒罵可以獲得控制感，特別是當其他同事因為害怕而乖乖配合的時候，更容易引爆下一次的發飆。

雖然建宏外表強悍，但是內心深處卻藏著「寂寞」的感覺，所以才要藉著「大聲」與「專制」來否定打擊別人。只有讓別人服從，建宏才能感受到自己的價值。

從批評中聽出期待

要深入了解責備型的人，就要從期望切入，試著在批評中聽出他們的期待或需要。譬如詢問建宏：如果怎麼做，事情會比較好轉？唯有卸除建宏的武裝，才有機會跟建宏討論其他的可行做法，不然越多的解釋只會激發建宏攻擊的火力。

處理批評的技巧

還有些責備型的人會認為自己不是故意批評別人，只是據實講出所見的觀感。例如他們總愛強調：「我是為公司好，才會講實話。」或是「我是愛之深才會責之切。」在這種狀況下，若有同仁反駁建宏，就會被冠上「不受教」、「愛爭辯」、「唱反調」的標籤。

想要減少批評帶來的傷害，不妨先把批評「解構」一下，也就是說，找找看主管建宏在批評裡面藏了哪些動機和用意？越能夠同理責備型的用心，越能爭取到建宏的認同，因為當責備型主管覺得同仁了解他們的苦心後，防衛也會跟著降低。

22

教官型性格——克服面對面的恐懼

每天起床張開眼睛，婉婷只要想到上班會碰到主管建宏就覺得心悸、喘不過氣來。特別是建宏要求嚴格，而婉婷又無法達到標準的時候，建宏就會用責備的方式讓婉婷使命必達，導致婉婷的壓力指數節節上升。當婉婷承受不了時，腦中就會冒出離職的念頭，婉婷也曾經跑到人資部門跟淑華求救，希望人資部門可以跟主管建宏反應，可不可以降低一點標準？或是交代任務時稍微有點耐心說明？

曾經有次婉婷被建宏叫去辦公室訓話，連續罵了一個小時，不斷反覆對婉婷碎念：「妳這麼慢，找新人來都比訓練妳快。」讓婉婷身心交瘁，渴求主管建宏尊重自己，如果要交辦任務，可以說明輕重緩急，不需要侮辱謾罵。

但當人資部門淑華請主管建宏去討論時，建宏立刻開罵：「我的個性就是急，這位同仁做事不夠積極，反應又慢半拍，叫她打個電話，拖到下午才打，我當然要糾正她的壞習慣。」結果人資部門淑華找建宏談話後，反而讓主管建宏對婉婷更加嚴厲，認為：「玉不琢不成器，人就是要被罵才會成材。」

現在婉婷一想到主管建宏就會不自覺發抖、喘不過氣來，完全無法工作。

一對一心理教練

「教官」型主管習慣用嚴厲的語言責罵同仁

很多人都跟婉婷一樣，最怕碰到嚴厲的主管。這類型的主管大多跟建宏作風相似，就像「教官」般，習慣用嚴厲的語言責罵同仁，規定同仁凡事要按照自己的指導去做，致力培養遵守紀律、循規蹈矩的同仁，努力掌控同仁的行動，享受當主管的權力感。

一般而言，「教官」型主管多半認為，對同仁講話越嚴厲就越能掌握同仁，同仁的表現也會越好。也因此，「教官」型主管會不斷告訴同仁：事情該怎麼做才對。

在「教官」型主管建宏的領導下，久而久之，婉婷會越來越退縮害怕，既不敢自作主張，更不敢負起責任。不可否認，建宏用命令和威脅的口吻責備婉婷，糾正婉婷的行為，有時效果真的很好，雖然婉婷會照著主管的意思做，但是卻會累積氣憤的情緒，甚至導致憂鬱或恐慌的狀況。

若想改變「教官」型主管建宏的領導方式，最好先轉換建宏的想法，在糾正婉婷的行為時，把重點放在婉婷可以改善的地方，才能形成正向的循環。

但憑心來說，要調整主管建宏的嚴厲性格，需要建宏先自我覺察，才能在行為上有明顯的轉變。比較可行的方向是，婉婷克服內心對嚴厲主管建宏的恐懼，在腦中想像自己有一天能夠輕鬆地面對講話大聲的建宏主管，慢慢降低焦慮不安的情緒，讓頭腦自然運作，避免越緊張越容易出錯。

23

工作性格——將對的人放到對的位子上

剛進公司的端正讓直屬主管淑華感到很頭痛，原因並非端正工作不認真，剛好相反，端正極度努力優秀，在面談階段，端正就表現得令主管淑華刮目相看，不但英文能力佳，而且書面資料豐富，更難能可貴的是，端正非常謙虛，對上司彬彬有禮，淑華交代的事情他馬上用電腦打成筆記，內容充實完整到連淑華都讚嘆佩服。此外，端正也很擅於做簡報，理論分析得頭頭是道。

碰到這麼好的同仁不是該拍手按讚，怎麼會讓人煩惱呢？說真的，無論交代什麼事，端正都立刻回答「好啊」，可惜表現與努力不成正比，端正做出來的結果卻常常讓人傻眼。

雖然主管淑華對端正的表現很失望，但因端正的態度良好，實在不忍苛責，便一次又一次給端正磨練的機會，期盼他可以趕快步上軌道，偏偏端正很難舉一反三，甚至連他自己都覺得被鬼附身，才會不斷失誤。看端正這麼想把事情做好，主管淑華感到非常矛盾衝突，既不忍心責備他，可是又不知如何協助端正發揮能力。

一對一心理教練

調整「工作性格」，降低挫折感

淑華想要增進端正的工作執行力，首先要清楚了解端正的「工作性格」，才能在工作舞台上順利演出。

從上述資料中發現，端正的強項包括「書面資料豐富」、「馬上用電腦打成筆記」、「擅於做簡報」，約略可以看出端正的工作性格偏向「傳統事務」型（Conventional），這類型人除了在「記錄、歸檔」特別厲害外，他們的個性也比較順從、缺乏彈性。

當「傳統事務」型的端正從事需要規劃能力、創意發想，或自行安排事務的時候，就可能會卡住，無法順利進行。也因此，主管淑華最好避免讓端正去做跟「工作性格」完全相反的事務，不然就常會出現「鬼附身」的狀況，結果和預期天差地別，讓人大呼不可思議。

倘若基於工作需要，端正必須執行與自己工作性格不符合的任務，主管淑華不妨讓端正漸進式學習調整性格特質，如此即可大幅降低雙方的挫折感。另一個要考慮的因素是，當心理壓力太大時，也會嚴重影響端正的學習成果和工作績效。諮商時常見的狀況是，記憶力變差、創意發想能力受阻、專注力不集中，這個時候，端正只要抒解壓力就能恢復原本水準。

累積大量挫折感時，主管淑華如果可以適時引發端正的成功心理，讓端正將注意力從「哪裡做不好」移到「哪裡做得好」，以及「怎麼做會更好」，亦能幫助端正展現實力，進而發揮潛能。

24 降低防衛——停止將失敗投射到他人身上

家豪自從工作以來，最怕碰到「濫用職權」的主管。偏偏目前在公司碰到的主管建宏，很多作法都讓家豪非常感冒，其中最讓家豪受不了的是「主管標準不一、對同仁有差別待遇」。家豪最不滿主管建宏排休不公平，自己都選擇最佳時間出國度假，卻要求屬下犧牲假日來上班，甚至還利用上班時間偷溜出去處理私人事務。

然而，當人資部門淑華將同仁們的心聲傳達給主管建宏的時候，建宏非但沒有自省的能力，反倒認為是屬下在找麻煩，強迫淑華一定要拿出證據來，否則吃不了兜著走。

主管建宏的想法是：「無論自己的領導風格是否恰當，都不需要人資部門介入處理」，建宏一廂情願認為，最好的上下關係就是：「屬下乖乖配合上司，不需要有太多的抱怨」。

對於建宏將同仁的「心聲」視為「抱怨」，讓家豪覺得很無力，內心更是憤憤不平：「難道一個人只要當上主管就可以為所欲為嗎？」除此之外，家豪也看不慣建宏：「主管動口不動手，凡事都叫別人去做，做不好還要罵人」，最糟的是，建宏常常「忘記自己說過的話、出爾反爾、朝令夕改，讓人無所適從」。

對家豪而言，主管建宏已經把辦公室變成人間煉獄，上班就像在接受酷刑，讓人很難忍受。

一對一心理教練

主管過度防衛，影響同仁的坦承與開放

當家豪不滿主管建宏的領導而產生反抗情緒時，建宏為了掩飾自己的焦慮和恐懼，不願意正視問題所在，潛意識開始啟動各種防衛措施。譬如說：建宏拒絕接受屬下的批評，老是覺得別人在找碴；將自己的弱點及失敗都「投射」到別人身上，常常為了自己造成的缺失去指責屬下。

而主管建宏之所以會採取自我防衛，目的無非是為了要減輕痛苦，同時避免承擔失敗的責任。倘若主管建宏過度自我防衛，當然會影響屬下家豪的坦承與開放，不利於雙方信任感的建立。這個時候，如果人資部門淑華假裝什麼事情都沒有發生，無論家豪怎麼反映都視而不見；或是直接責備主管建宏「不懂得探查民情、缺乏領導能力」，只會更增加建宏的防衛

心理。

通常，當問題太具有威脅性時，人們會傾向採取「迴避態度」，所以，要想協助主管建宏傾聽屬下的心聲，調整管理的風格，人資部門淑華最好從「降低防衛」做起。先了解主管建宏對屬下的期望，再慢慢帶領建宏自我覺察，進而找出建宏領導屬下的困難點是什麼，最後才能達到改變主管領導風格的目標。

25 討好型性格——不要害怕衝突或壓抑不滿

許多公司的主管都是屬於權威型領導，讓同仁望而生畏。但永祥雖然身為主管，卻是屬於老好人型的領導風格，遇到事情不敢直接跟屬下說明，害怕同仁會情緒反彈，總是想方設法請其他同仁去傳話。

永祥萬萬沒有想到，居然有同仁燕惠跑去跟人資部門抱怨自己迂迴溝通：「主管要交代我做什麼事情不會直接告訴我，都要透過其他同仁傳達，讓我覺得很不受尊重，希望主管不要再透過第三者傳話。」

而當人資部門詢問永祥之後，永祥才委屈地表示，因為擔心自己直接找燕惠問話：「事情怎麼還沒有做完？」會讓燕惠難過受傷，才會請其他同仁協助了解狀況，不料反倒讓燕惠誤以為：「主管嫌棄自己能力不好，不願意直接對話。」燕惠的負向感受，完全出乎永祥的意料之外，自己的一片好意，竟會被燕惠解讀成這樣。

過了一段時間，永祥又面臨另一個領導危機，部門同仁光明非但不接受永祥調整新工作的安排，還進一步提出加薪升遷的要求。更棘手的是，全部門的同仁都在看永祥如何處理這樣的狀況。陷入危機的永祥，感覺既痛苦又矛盾，升上主管後，就期許自己不要成為「權威型主管」，可以跟同仁好好相處，誰知道會變成叫不動同仁的難堪處境。

一對一心理教練

「討好型」的人害怕衝突、壓抑不滿

永祥很符合「討好型」的溝通模式，即所謂「老好人型」的主管，優點是對於別人的感受很敏銳，容易同理同仁的情緒。但缺點是，永祥不喜歡面對與別人意見不和的局面，更不善於處理人際的爭執，同時永祥也很難堅持自己的觀點，迅速做出決定。

一般而言，「討好型」的人在當員工的時候往往是團隊中「配合度」最高的，相同的，他們在當上主管之後也常常成為「妥協度」最高的領導者。

「討好型」的人遇到衝突情境時，通常會有下面幾種情緒反應：

第一種是害怕或不願意面對衝突，傾向將自己抽離衝突的情境。「討好型」的人有時會採取這種反應。

第二種是壓抑不滿的情緒，傾向選擇讓步、放棄，不再堅持己見，以求避開衝突。很多「討好型」的人會選擇這種因應之道。

第三種是產生大量焦慮挫折的情緒，既擔心衝突會影響雙方關係，以後見面會尷尬；同時也感到挫折，甚至有時會對人際關係產生懷疑，不知道怎麼回應對方才好。

上面三種情緒反應，永祥幾乎都經歷過。比較理想的因應之道是，情緒穩定地跟同仁討論，以尊重的態度化解衝突，而非置之不理，期望衝突會自動消失。

如果永祥覺察自己有討好別人的特質，不妨回顧省思一下，討好的個性會對人際溝通產生什麼影響？如果要調整溝通風格，需要加強的地方是什麼？進而產生自我效能，堅定自己的決定，態度平等跟對方溝通，不會退縮妥協。

26 被騷擾症候群——身體自主權不容侵犯

擔任公司高階主管的仁壽，平日就很喜歡趁機吃吃女性同事的豆腐，不是藉擁抱之名上下其手，就是以關愛之名近距離摸頭拍肩，連打個招呼他都可以快速撫摸小手。儘管大家都很討厭仁壽這些自以為瀟灑的舉止，但因仁壽還算溫暖慷慨，就沒有讓他難堪。

有天加班到很晚，仁壽非常好心的要送女同事娟秀回家，就在快到娟秀家的時候，仁壽猛地停在路邊，正當娟秀想開口問：「是不是要在這裡讓我下車？」仁壽突然一把拉住娟秀，甚至意圖親吻娟秀。當下娟秀拼命掙脫狂奔回家，當夜飽受驚嚇根本無法入睡。事後娟秀心想，只要不再搭主管仁壽的車，應該就不會被騷擾。誰知道有天娟秀走在公司的走廊上，仁壽居然從後面抱住娟秀，真的令人欲哭無淚。

娟秀很珍愛現在這份工作，偏偏遇到這樣叫人膽顫心驚的主管仁壽，不僅每天都神經緊繃，一分一秒都不能放鬆，更害怕仁壽會公報私仇，影響自己的前程發展。

一對一心理教練

避免騷擾者行為越來越變本加厲

像仁壽這樣常常會吃女性同事豆腐的騷擾者，就是利用「大家不想弄得太難看」，「算了還是不要聲張」，或是「行政管理單位多一事不如少一事」的心態，行為才會越來越變本加厲。

另外，仁壽也像大部分的騷擾慣犯，是無可救藥的自戀狂，自認擁有特殊的魅力，別人絕對抗拒不了他們的吸引力，這就是為什麼仁壽會出奇不意給娟秀擁抱、親吻、撫摸，對仁壽來說，這是「魅力展現」而不是「性騷擾」。

據多年的觀察，公司最常發生性騷擾的狀況首推出差，原因很簡單，主管手握治外法權，反正下情不能上達，做了什麼也沒人會曉得，這就是為什麼出差的時候特別容易產生桃色糾紛的原因。

其次是喝酒應酬的場合，若發現有人肆無忌憚地把手放在自己的腿上、身上，一定要馬上反應，立刻把他的手拿開，或是立刻站起來表達不滿，才能杜絕對方的非分之想。如果毫無反應地讓對方大吃豆腐，那他就會得寸進尺，越摸越過份。要是擔心氣氛太尷尬，可以馬上起身去廁所，回來後想辦法換個位子坐，「保持距離」不僅是保障生命的交通規則，同時也是對付色狼的安全守則。

事實上，不論情節多麼輕微，只要感覺有一點點不愉快，都要毫不猶豫地制止騷擾者，並且說出自己的感受，否則這些性騷擾的行為將會一再發生，甚至演變成情節更嚴重的性侵犯，造成更大的傷害與困擾。

以娟秀的例子來說，她以為只要不再搭主管仁壽的車，應該就不會被騷擾。但事實剛好相反，仁壽大膽到敢在公司的走廊上公開抱住娟秀。所以，阻止仁壽這類騷擾者最有效的方法，就是大聲宣告他們的惡劣行徑。

如果當下只有獨自一人，事後娟秀也要立即告訴親人、同事，大家一起想辦法阻止性騷擾繼續發生；同時娟秀也要告知公司的性騷擾及兩性平權委員會；倘若有所不便，也可以向民間可信任團體求助。

被騷擾症候群

很多人會輕忽性騷擾帶來的傷害，覺得「摸一下有什麼關係，又不會少一塊肉」；或是認為講講黃色笑話又無傷大雅，何必大驚小怪。事實則不然，被騷擾者會感覺沮喪、自卑、焦慮、孤立無援、沒有安全感、情緒低落、注意力無法集中、不再信任別人，甚至出現失眠、頭痛、暈厥等身體轉化症狀。

所以，性騷擾雖然沒有實質的身體傷害，但是卻可能造成永久的心理傷痕，千萬不要輕忽其傷害力。

27 人力不足——永遠站在員工的角度思考

淑華是人資部門的主管，最近這段時間，由於公司人手嚴重不足，導致各部門紛紛陷入混戰狀態。倉管部門首先發難，因為缺少人手，每位同仁都是一個人當三個人用，儘管忙碌到連上廁所的時間都沒有，依然無法順利如期出貨。

在這樣的狀況下，當行銷部門主管怒斥倉管部門「耽誤出貨，影響公司營運」的時候，不少倉管部門的同仁都哭著提出辭呈，一方面委屈無助：「已經如此賣命配合公司，還要被人責難」，另一方面內心也深感自責：「沒有達成任務如期交貨。」

為了爭取人手加快出貨速度，倉管部門主管跟淑華強烈抗議，認為人資部門漠視他們的需求，才會害他們揹上「耽誤出貨」的黑鍋，如果再不增加人手，一切後果由淑華負責。

一波未平一波又起，原本一直默默工作的測試部門，也在這個節骨眼來跟淑華抱怨：「現在加班已經變成常態，不斷告訴我們要共體時艱，到底要壓榨我們到什麼時候？公司根本不了解同仁的辛苦，反映那麼久人手不足，始終沒有增加足夠的人力，現在又有好幾個同仁離職，同仁的忍耐是有限度的。」

雖然淑華試圖調派其他部門的同仁來支援，結果又引發同仁怨聲載道：「為什麼我們要做這些事情，既不是我們的專長，也不是我們原本的工作，何以我們要承受其他部門的壓力。」

淑華每天被各部門追殺、砲轟，壓力大到鬼剃頭，也開始質疑自己的工作能力。

一對一心理教練

「人力不足危機」會引發嚴重身心症

淑華的壓力是很典型的「危機超負荷」，既集中又頻繁，全公司的同仁都置身於壓力鍋中，變得越來越暴躁易怒，對其他部門的需求都會做負向解讀。如果忽略不理，很容易耗損全體同仁的身心健康。

面對公司「人力資源短缺危機」，無論是核心人才缺乏，還是人力素質不夠，都可能讓公司錯失先機，無法取得競爭優勢。很多公司基於人事成本的考量，而讓公司的核心人才疲於奔命，長期以往，就會讓同仁的負面心態開始互相蔓延、傳染，導致各種人事衝突與摩擦，這就是何以各部門的主管都來找淑華抗議，一個不小心就會擦槍走火，形成不可收拾的「人力資源短缺危機」。

當公司上下充滿負面能量，無論是對政策不滿，或是對人事不悅，輕則引發消極怠工，重則造成罷工抗議，已經是屬於危急狀況，最好越快處理越好，以免造成更大的災難。

事實上，從淑華公司同仁的抗議中，可以看到他們的憤怒與無奈，包括：「不斷反映人手不足」、「感覺受到壓榨」、「需求被人漠視」，所以，解除危機的第一步就是，認真聆聽同仁的心聲，並且實際滿足他們的需求。同時淑華要避免回應：「公司政策就是這樣，我也沒有辦法」，這種回答，非旦無濟於事，反而會引發強大的無力感，讓同仁失去僅存的工作動力。

此外，對公司而言，同仁保有優質的競爭能力也是很重要的，譬如潛能、體力、智力、情感力、意志力、實踐力等，但是，過度操勞會急速耗損同仁的競爭能力，形成負向循環。

淑華的當務之急，除了如何快速補充新血，並且給予足夠教育訓練外，還需要從心理專業的角度跟公司說明造成的損失，才能真正解除「人力資源短缺危機」。

28

心理疲勞——適當回饋引發加班動力

家豪的公司是屬於「研發製造與銷售服務」全方位包辦的產業，每年只要到了產品銷售旺季，同仁們就會為了加班問題引發一連串的衝突，讓身為主管的家豪左右為難。

曾經碰過的火爆場面是，有位A同仁早上身體不舒服跟家豪反應：「下班要去看醫生，不能留下來加班。」家豪看他面有菜色便答應放人。另一位B同仁得知消息後，也來跟家豪表示：「下班後需要辦理驗車相關事宜，無法加班。」

由於接二連三有同仁來跟家豪說明「今天無法加班」的狀況，家豪被迫只好召集所有同仁，努力拜託：「今天有一批產品要趕工，請大家務必留下來加班。」這個時候，早早就因家裡有喜事而提前報備不加班的C同仁馬上反彈：「我已經事先報准不必加班，今天絕對不能留下來。」

眼看同仁個個理直氣壯，家豪也使出殺手鐧，生氣地反嗆：「搞什麼，不過是加個班，哪來這麼多理由。」接下來家豪乾脆把燙手的加班問題丟給三位同仁：「不管是什麼理由，你們自己去協調，今天一定要有人留下來加班！」可想而知，一場混戰就此展開。

至於配合公司需要留下來加班的同仁，一段時間後，也常會因身體太過疲累而想要離職，最常聽到的心聲就是：「這一年多來都在加班，下班時間越來越晚，我家小狗都快不認識我了。」明知同仁加班工作身體會負荷不了，但家豪也無可奈何，工作總要有人完成啊。

除了平日加班的狀況外，偶爾也會遇到同仁在深夜或假日臨時來公司處理突發狀況，沒想到就有同仁因為不熟悉公司的保全系統而誤觸警鈴，導致警衛部門虛驚一場。而當公司調查了解責任歸屬時，這位誤觸警鈴的同仁既委屈又懊惱，認為自己全心全意為公司付出，竟然要花心力應付這種擾人事端，讓他心力交瘁。

由於不斷處理同仁的加班紛爭，家豪下班後只好靠食物抒解壓力，短短半年體重就暴增十公斤，讓他驚覺自己是否不適合擔任主管，才會擺不平同仁的狀況。

一對一心理教練

常常加班容易產生「心理疲勞」的現象

很多剛升上來當主管的人，都會像家豪一樣，被同仁層出不窮的紛爭弄得心力交瘁，甚至會因此干擾睡眠品質。新手主管家豪必須了解同仁「心理疲勞」的狀況，才能找到最適合的調解方法，而不會形成勞役不均的現象；配合的同仁越來越疲累，不配合的同仁反而落得輕鬆。

如果同仁需要長時間集中注意力做重複性高的工作，原本就很容易感覺疲勞，這是因為單調的工作比較不易引發工作動機與興趣，在這種狀況下，倘若家豪又要同仁常常加班，沒有給予適當的休息，同仁的情緒就可能會從「單調乏味」擴散成「廣泛性的焦躁不安」，久而久之便會產生「心理疲勞」的現象，除了思考力會降低，也會伴隨情緒失控的狀況。還有，長時間加班工作，不僅工作效率會遞減，意外事故的出現率也會增加，這就足以說明何以同仁會誤觸警鈴了。

雖然加班問題不是重大事件，但卻屬於「日常困擾」，像是承擔太多責任、沒有時間陪伴家人寵物、經常和同事爭吵。有研究顯示，「日常困擾」的累積量遠比「重大事件」要多得多，造成的心理壓力也比較高，是預測情緒及健康更準確的依據。

從家豪公司同仁為加班而引發的衝突行為反應，可以看出似乎有些「心理疲勞」的現象，要根本解決衝突，最好還是給同仁充分的休息。

家豪想要擺平同仁間的衝突，可以深入了解他們內心的真正想法，同理他們的辛苦付出，並且尋求他們的支援，讓他們清楚知道自己對公司的貢獻是什麼，相對的，公司會給同仁什麼回饋，自然能引發同仁的加班動力。

29 期望公式——激發力量＝目標價值×期望概率

幾乎每年職等晉升的人事命令發布之後，人資部門的淑華都會接到一些自覺「不公平」的申訴事件。其中情緒反應最大的，是工作多年的資深同仁怡娟，她非常憤怒地跟淑華表示：「講真的，憑什麼是那個人？我進公司這麼多年，我不覺得他哪裡做得比我好，論配合度、貢獻度、主動度，我哪點不如他，這樣對我公平嗎？算了啦，跟你們人資說有什麼用？主管不信任我，做再多也沒有用。」然後亦不等淑華安撫情緒，怡娟就掉頭走人。

另一個覺得不平的同仁是振凡，他自認工作表現優秀，因此非常激動且大聲跟淑華抗議：「公司的晉升制度實在太不公平，工作的時候明明就是有人認真、有人不認真，有人表現好、有人表現不好，明明應該是表現好的人被晉升，結果態度認真的人沒有被肯定，反倒是混水摸魚的人被提拔，付出與回報根本就不對等，那誰還要付出？」

考績公布後，怡娟跟振凡的工作情緒都受到很大的影響，兩個人的態度開始變得消極被動，造成公司人力資源的重大損失。

但更讓淑華感到遺憾的是，被晉升成主管的維俊也適應不良，維俊原本是很優秀的工程師，所以公司提拔他升上來當現場主管，沒想到之後維俊因為帶團隊的表現不如個人表現優秀，以致情緒低落：「以前只要自己做好就好，現在當上主管，同仁出錯還要負連帶責任。」維俊居然抗拒繼續再當主管，希望可以回到原本的職位。

淑華覺得既無奈又為難，公布晉升名單很難皆大歡喜，一個不小心，就會折損優秀人才。雖然實際決定權並不在自己手中，卻要默默接收同仁的不滿情緒，只能把苦楚往心裡吞。

一對一心理教練

「晉升症候群」跟「期望公式」息息相關

淑華公司發佈人事命令之後產生的「晉升症候群」，無論是沒被提拔的怡娟跟振凡感到極度不公平，或是被晉升的維俊覺得幫同仁扛責任的壓力太大，都很符合心理學家維克托弗魯姆（Victor Vroom）所提出的「期望公式」：激發力量＝目標價值×期望概率。

簡單來說，我們每個人在工作的過程中都需要激發內在的潛能，然後採取行動達成目標。而會影響我們積極付出與努力程度的就是「目標價值」，也就是說，當怡娟跟振凡希望透過努力工作獲得晉升時，「晉升」的目標價值就很高；相反的，假如維俊完全不想晉升，只想安穩地做好份內的工作，這個時候，「晉升」的目標價值就等於零。要是同仁很害怕晉升，認為當主管會帶來不可預期的災難，那麼「晉升」的目標價值就是負的。

另一個會左右我們的行為動機和實踐信心的則是「期望概率」，亦即同仁會根據過去的經驗來判斷自己達到目標的可能性有多高。也因此，當怡娟跟振凡發現「晉升的人不是自己」後，自然會感到非常失望，一旦經過努力仍舊無法達成目標，便很容易大幅降低工作動機，甚至放棄原有的晉升目標、改變努力工作的態度。

所以，對公司而言，「晉升」絕對需要深思熟慮，影響層面之大往往超越原本預期，一個不小心，很容易讓公司的整體工作士氣向下沉淪，那究竟什麼樣特質的人適合晉升成為主管呢？

從「工作性格」的角度來看，晉升主管的人最好具備企業型（Enterprising）的能力與特質，具有良好的規劃能力、領導能力、口語表達能力，組織安排事物能力、管理引導同仁達成目標的能力，可以促進公司與同仁的雙重利益。

如果想要晉升成主管，不妨思考一下，自己是否擁有這些特質？倘若自我評估後，發現自己缺乏這些特質，就可以及早鍛練當主管的能力與特質，避免把心理能量流動到抱怨或批評。

相對的，研究型（Investigative）的「工作性格」擔任主管職務就會感到不對盤，研究型善於運用思考、分析能力，能夠觀察、評量、判斷、推理事情的來龍去脈，進而解決問題。雖然研究型擁有很強的數理和科學能力，但比較缺乏領導以及溝通協調的能力。這就是何以很多公司都面臨研究人員晉升為主管後帶不動同仁的窘境。

再從「人格特質」的立場來說，倘若主管具備建設性的領導者特質，包括：自我接納、尊重同仁、溫暖熱忱、情感流露，則有助於凝聚同仁士氣、促進同仁成長性的改變，並且帶領同仁完成工作目標。反之，如果主管擁有破壞性的領導者特質，包括：攻擊性強、講究權威、情緒化、缺乏耐心，就很容易造成人心渙散，激發同仁反彈抗爭的情緒，把自己帶往險境而沒有覺察。

淑華從協助同仁排難解紛的過程中，慢慢摸索領略到，要讓同仁的潛能價值發揮到最大，除了需要掌握同仁的工作性格，也要深入理解同仁的內在期望，才能激發最大力量。

30 導入新系統——員工必須隨著公司一起轉型

在公司擔任人資的淑華，隨著公司規模的日益擴展，不僅員工人數越來越多，管理制度也逐漸由簡轉繁。說真的，公司快速發展的這幾年，淑華簡直每天活在水深火熱中，除了忙著制定大小規章，還要引進各種系統，更要不斷協助同仁適應新的制度。

雖然淑華了解同仁普遍的心聲都是希望公司趕快安定下來，不要在短時間內變動如此之大，同時導入這麼多新系統，既難立刻上手，也抽不出時間吸收學習，只會把大家搞得人仰馬翻。但是淑華心裡也很清楚，新系統的導入無非是為了掌握同仁的狀況，方便公司調度人力，但卻引發同仁怨聲載道。舉例來說，公司原本決定在公務車上加裝GPS系統，是想讓管理更透明化、清晰化，不料有些同仁會感覺「不被信任」、「受到監控」。

平心而論，透過系統的了解，的確會讓「自我管理不佳」、「公事私事不分」的同仁無所遁形，然而，這就是公司想要達到的效果，清楚知道每位同仁的工作進度。

另一個引發同仁強烈反對的是導入KPI績效考核制度，還曾經有人當面痛罵淑華：

「搞什麼KPI，根本不懂人間疾苦，導入又沒有用，只會浪費時間。」面對同仁的責罵，淑華也只能夠耐心解釋，希望同仁了解公司的理念，創造具體可行、貢獻度高的績效表現。

連推行線上請假系統，同仁都抱怨連連：「為什麼我們要自行上線銷假，請假是人資部門應該幫我們處理的工作，這樣增加我們額外的工作，讓我們無法安心工作，希望人資部門統一處理請假流程。」

這段期間，淑華承受的壓力已經大到影響睡眠。淑華發現，當公司處於轉型階段，密集引進各種系統與制度的時候，自己很容易受到同仁抱怨的情緒干擾，脾氣也變得暴躁易怒，對同仁講話的口氣開始不耐煩，甚至會突然失控。淑華不知道自己的狀況是一時的，還是會越來越嚴重，內心充滿擔憂與無奈。

一對一心理教練

如何快速適應新的制度

面對公司轉型變革之際，同仁通常會抱持兩種心態：一種是渴望成功，希望自己更具競爭力，而強烈的成就動機，會讓他們勇於克服困難、承擔改變的風險；另一種是害怕失敗，碰到過去沒有做過的事情，會擔心有不可預料的後果，也因此他們會傾向選擇低風險、較簡單的工作，以免招致失敗的命運。

如果淑華想要協助同仁適應新的系統與制度，不妨先觀察同仁在面對改變時的行為反應，同時探索背後的心態，才能讓同仁願意適度冒險。

一般而言，害怕改變的人偏愛重複性、結構性的工作，對新事務會比較難以適應，表現在行為上，最常見的就是以「不合群」來掩飾內心的焦慮感。所以，假設淑華發現同仁越來越不合群，最好多給他們一點時間及空間學習，讓他們有機會重複練習，熟練之後自然能夠上手。

倘若同仁堅持不願意改變，淑華可以先聆聽同仁的想法，再根據同仁所敘說的困難點提供協助，並且詢問同仁：「如果我這樣做……，對你會不會有幫助？」或是耐心解釋：「願不願意聽聽看這個系統在其他公司成功的例子？」

要引發同仁的改變動機，淑華可以從三方面著手：一是讓同仁對改變產生期待的心理，二是提供同仁想要改變的誘因，三是努力滿足同仁的需求。當同仁覺得改變的「成功率大於失敗率」的時候，自然而然會接受改變，勇敢面對挑戰。

31 工作自主性——輪調才能增加歷練

淑華身為公司的人資主管，為了增加同仁的歷練與學習，經常需要適時替同仁做一些職務調整，但即使立意良善，每次到了職務調整或工作輪調的時候，就是會有同仁不願意接受，認為「輪調」就是「否定自己的工作表現」。

前陣子同仁怡欣在輪調晤談時情緒極度反彈，怡欣認為「輪調」是一種「變相的降級」，覺得自己的工作很重要，怎麼可以由一個資淺同仁來接替，反而安排資深的人去做不重要的工作。

怡欣對這樣的輪調感到非常「不服氣」，氣得跑去跟淑華抗議：「對方能力不如我，憑什麼接替我的工作？為什麼我要去教導他？」當怡欣抗拒調動時，不僅無法達到原本輪調的美意，還激發怡欣與同仁之間的對立情緒。

有時候在部門極度缺人的狀況下，淑華不得不適時做些人力調度，而且，為了讓支援的人力盡快步上軌道，多半會優先選擇平日表現良好的同仁。從多年的調度經驗中，淑華發現很少有同仁願意扮演「救火隊」的角色，同仁普遍會擔心調離原單位後，先前的努力會白費，或是不想重新經營人際關係，所以有些同仁會堅持留在原單位，還有人會以威脅的口吻跟淑華表示：「如果我不同意，公司可以勉強我嗎？」

最慘的狀況是，同仁輪調之後適應不良，製造更多問題。每次輪調，雖然淑華表面上從容應對，其實內心焦慮不安，不曉得要如何說服同仁欣然接受輪調。

一對一心理教練

覺得自己缺乏工作的自主性

從心理的角度來看工作調度或職務輪調，之所以會引發同仁怡欣抗拒的情緒，最主要的原因是怡欣產生了不平衡或不受尊重的感受，特別是輪調前如果沒有事先跟怡欣討論，就很容易讓怡欣覺得自己缺乏工作的自主性，自我的命運掌控在別人手上，一旦怡欣感覺「無法決定自我的前途」，接下來就會有「人為刀俎，我為魚肉」的無奈感。

此外，當怡欣好不容易適應目前的職務環境後再調動單位，有可能因此對公司產生不滿的情緒，而導致「同仁與環境不再契合」的狀況，可想而知，怡欣帶著情緒工作當然較難有良好表現。

人資主管淑華若想順利完成職務調動的任務，最好事先跟怡欣做充分的溝通，讓怡欣了解職務調動對自己的利弊得失是什麼？以及公司調度的想法用意是什麼？怡欣才不會因為對公司有負面評價或失望不滿而無心工作。

再者，人資部門淑華在調整同仁怡欣的職務後，也要提供足夠的資源與協助，幫助怡欣適應新單位、學習新技能，避免怡欣因職務輪調產生嚴重的職業倦怠感。

32 滿意度指標——公司戰鬥力的來源

歡樂的年假過後，沒想到才剛開工，就遇到公司有史以來最嚴重的跳槽風暴。

首先是一位公司重點栽培的優秀同仁婉婷提出辭呈，馬上給主管大偉投下一顆震撼彈，因為婉婷學歷高、專業夠，既不計較薪資多少，也從不抱怨工作辛苦，是公司高層眼中不可多得的人才，雖然主管大偉努力慰留，但婉婷仍舊辭意堅定。

於是，這個「留住人才」的艱難任務立刻轉到人力資源部門淑華的身上。當淑華還在苦思如何留住婉婷的對策，另一位向來表現不錯的同仁家豪也決定跳槽到別家公司，更讓人頭疼的是，之前從沒聽過家豪發表什麼不滿公司的言論，誰知家豪跳槽前卻怨聲載道，不斷跟其他人訴說「公司這裡做不好、那裡有問題」，甚至詢問同仁：「這樣你們還待得下去啊？」

公司高層主管非常擔心這些情緒性的言論，會影響整體同仁的工作士氣，引發人心思動的不良影響，於是給淑華強大的壓力，要將「向心力」和「留任率」列為人資部門今年的工作重點。

正當淑華忙得焦頭爛額之際，居然有一位業務部門的同仁端皓沒有辦妥離職手續就不來上班，端皓還理直氣壯打電話到人資部門催促淑華：「希望這一、兩天就可以領到薪水，另一份工作已經在等我了。」不管淑華怎麼解釋說明：「離職要交接清楚、辦妥手續」，端皓就是聽不進去，認為「自己的薪水為什麼要被扣留？」

一連串的離職轟炸，讓人力資源部門的淑華跟著水深火熱，很想知道，有沒有什麼方法可以事先預知同仁要離職，才能及早採取因應之道，留住優秀人才。

一對一心理教練

預測同仁留任的參考指標是「滿意度」

人力資源部門的淑華想要準確預測同仁會選擇留在公司繼續打拼，還是跳槽到別家公司開創新局，最重要的參考指標是「滿意度」。「滿意度」指標是雙向的，可以從下面這些問句，進一步了解同仁的意向。

同仁的性格特質跟公司的企業文化合不合？譬如說，家豪跳槽前會怨聲載道，就代表家豪的性格特質跟公司可能是不契合的，家豪早就看公司的作法不順眼，離職前便一口氣爆發出來。

同仁對公司提供的薪資及福利「滿意度」高不高？其中學歷高、專業夠的婉婷，雖然平日「不計較薪資多少，也從不抱怨工作辛苦」，但不代表婉婷的滿意度是高的，只是婉婷沒有說出口。

同仁的能力和公司需要的能力符不符合？如果合得來，就能攜手合作，否則就會分道揚鑣。另外，根據研究，會影響同仁滿意度的因素還有：

- 工作是否順利？
- 工作時有沒有「自主性」和「回饋性」？

以及公司提供的「成長機會」讓同仁滿意也很重要。相反的，「技術不被尊重」和「角色衝突」則會大大降低同仁的工作滿意度。因此，公司若能提供一個有趣、有成就感的工作內容，自然比較容易留住同仁。而主管大偉與人力資源部門淑華的責任，就是了解同仁的心理狀態與工作需求，下面這些問句可以有效進入同仁的內心世界：

- 目前工作中哪些部份是同仁真正喜歡的？

例如：可以跟客戶面對面討論溝通，得到客戶的肯定認同。或是有機會在眾人面前公開演講，宣傳自己的理念想法。

- 目前工作中哪些部份是同仁不喜歡的？

例如：常常需要撰寫報告、整理檔案，卻不知道這些報告和檔案有什麼用途。

- 哪些活動或計畫是同仁一直想做，卻沒有時間做的？

例如：同仁嘴巴上一直提到想要開發新客戶、訂定新計畫，行動上卻因為各種因素始終延宕，沒有去執行。

- 哪些工作是同仁一直想要進行，卻因為缺乏經費或欠缺人力而沒有做的？

例如：同仁常常建議公司做市場調查，可以更清楚市場趨勢。或是同仁期望公司可以多投資一些經費在產品研究，讓產品更具競爭力。

從心理的角度，公司讓同仁有機會做一直想做的事，才會產生強烈的工作動機，不僅工作起來有成就感，也會感謝公司給自己機會。反之，如果工作很無聊、沒有成就感，同仁很快產生厭倦感，流動率自然就高。所以，讓工作保持有趣、富有挑戰、刺激，又能帶來成就感，就能讓同仁保持高度熱忱，交出漂亮又滿意的工作成果。

33 心理契約——當公司與員工的價值觀不一致

在紛擾的人事議題中，最讓家豪為難的，就是同仁基於某些特殊狀況違反公司規定。令人無法理解的是，同仁不僅違反規定的理由千奇百怪，而且總是一再發生，無論家豪如何叮嚀都不能預防同仁違規。

像公司的倉儲部門，同仁武瑞就常常發生開堆高機的速度過快，不小心撞壞高價商品的意外事故。為了避免損失慘重，家豪多管齊下，除了加強職前訓練外，工作時也不斷提醒武瑞注意安全，但武瑞就是依然故我，身為主管的家豪只好透過讓武瑞賠償部分撞壞貨品的金額來降低損失，同時開會通過這項決議。

結果制度上路後，武瑞還是大剌剌撞壞高單價商品，更不服被處罰，反駁的理由包括：「我又不是故意的，撞壞東西我也很難過。」或是提出抗議：「大家都這樣開，為什麼只有我被罰錢！」武瑞完全忽略自己的行為讓公司蒙受重大損失，只強調制度過於嚴苛不願意接受處罰。

另一個經常發生的違規事件是：請其他同仁代為簽到。明明公司人事部門三申五令禁止同仁代為簽到，不過就是有人存著僥倖心理，以為不會被發現。等到被公司察覺違規行為，又激烈抗爭：「這種小事有什麼好處罰？很多人都找人代簽，為什麼處罰我？」甚至有人要求家豪先處罰好心代人簽到的同事，才肯接受請人代簽的罰則。

此外，亦有同仁的信念是：「只要達成目標，就算違反公司規定也沒關係」，似乎達成目標就可以不擇手段違法亂紀。偶爾也會碰到用暴力衝撞公司規定的同仁，譬如就曾發生同仁沒有停車證，卻不管三七二十一，硬闖停車場柵欄，讓公司的財務和安全蒙受雙重損失。

說實在的，公司畢竟不是執法單位，家豪碰到各式各樣違反公司規定的同仁，真是感到束手無策，不免質疑自己的能力是否不適合當主管。

一對一心理教練

「心理契約」會影響同仁的配合程度和工作態度

員工是否可以遵守公司規定，跟員工隱藏於內心的「心理契約」息息相關。所謂「心理契約」指的是公司跟同仁雙方心照不宣的權利義務與相互期望，這些不成文的「心理契約」

會影響同仁的配合程度和工作態度。

如果家豪想要了解同仁們內在的「心理契約」，可以從下面這幾個具體行為來評估同仁的心理狀態，進而思考如何輔導同仁武瑞改變違規行為。

- 對公司的認同程度：如果員工認同公司，就會積極參與公司活動，主動提出建設性的改善方案，非但不會違反公司規定，更會以公司的利益為主要考量。
- 不會生事爭利：員工不會為了牟取個人利益，而任意破壞公司規定或和諧。也就是說，武瑞違反規定跟他的人格特質、價值觀念相關，家豪想要在短時間內改變他並不是一件容易的事情。
- 樂於協助同事：心理健康的人在工作時會協助同事，主動跟別人溝通協調。
- 能夠公私分明：員工不會利用上班時間或公司資源做自己的事情。
- 努力自我充實：員工會為了提升品質而努力自我充實。
- 可以敬業守法：包括認真工作、出勤狀況良好、能夠遵守公司規定、達到公司的標準。

「請人代為簽到」是很常見的違規行為，雖然表面上看起來是「偷懶行為」，但行為背後顯示的心理意涵是不敬業、不守法，仍舊需要評估行為背後的意義，是否會導致更大的災難發生。舉例來說，倘若快遞人員因為嫌累不想送件，而把別人委託運送的信件物品丟棄，再假裝完成工作任務，就會造成別人嚴重的損失。

要建立良好的「心理契約」，最好同仁的價值觀跟公司一致，同時發展信任關係，這樣公司跟同仁的期望才能一起達成。

34

提振士氣——營造高效能的團隊氣氛

明峰從事業務工作已經十年，近來受到經濟景氣的影響，雖然業務同仁很努力地勤跑業務，但是卻一直領不到獎金，加上每天還要面對強大的業績壓力，導致很多同仁受不了雙重壓力而紛紛離職。

其他業務同仁儘管留下來打拼，可是心態明顯變得消極，開始抱持「辛苦拜訪也是過一天，打打電話也是過一天，何必那麼認真。」這樣的想法很快蔓延到整個辦公室，讓同仁變得越來越不積極，工作士氣降到谷底。

明峰看在眼裡，感覺非常擔心，如果同仁這樣的心態繼續擴大，那就算景氣回春，同仁也毫無鬥志了，明峰很想從心理層面提升大家的士氣，找回同仁對事業的熱情。

一對一心理教練

提振士氣、找回熱情的心法

公司整體氣氛的好壞，的確會影響到同仁的參與意願，決定是否要全心投入工作中。很多人工作時，抱持「管好自己就好」、「做好自己的份內工作」就好。殊不知，如果團隊士氣低迷，自己身在其中，整體戰力難免會受到影響。

所以，明峰要提升工作士氣，第一步就是改變辦公室的氣氛。想要找回同仁們對事業的熱情，明峰不妨先培養互相合作的夥伴關係。每當同仁遇到工作瓶頸時，大家都彼此包容幫忙，而不是互相抱怨、互扯後腿。

事實上，營造高效能的團隊氣氛，可說是提振士氣的關鍵因素。同時讓同仁了解改變的必要性，遇到業績不如預期的時候，需要保持年輕的心態，抱著樂觀開朗的想法，才能幫助自己與公司度過難關，學到珍貴的經營智慧。

因此，當士氣低迷時，明峰不妨適時跟同仁強調，每天從事的工作對公司的整體目標有什麼貢獻，回饋讚美同仁的「工作價值」。並且看到同仁的努力付出，這對同仁達成目標是非常有幫助的。讚美的過程不僅可讓同仁發現自己更多力量，獲得成功的訊息，更能促使同仁擁有希望和自信。明峰擁有敏銳的覺察力，非但有助於事先看到徵兆，避免同仁負向的情緒感染，還能增強同仁成功的力量，看到公司未來的發展方向。

此外，「自願」亦能引發同仁參與的動力，明峰可以帶頭示範，讓同仁有機會去做他們一直想做的事，自然會引發強烈的動機，除了工作起來比較有成就感外，也會感謝公司給自己機會。反之，假如工作很無聊，缺乏成就感，同仁很快就會產生厭倦感，流動率當然會變高。

越是苦悶、不景氣的時候，就越需要幽默、有樂趣的工作氣氛，才能提振團隊精神，恢復工作活力，避免落入筋疲力竭的情境中。因此，讓工作保持有趣、富有挑戰性，刺激又能帶來成就感，就能讓大家保持高度熱忱，交出滿意又漂亮的工作成果。

人生顧問0333

鍛鍊心理肌力——15項心理練習，擺脫那些職場與人際間的控制、害怕、停滯、危機與焦慮

作　　者—林萃芬
主　　編—林菁菁、林潔欣
編　　輯—黃凱怡
美術設計—李宜芝
企　　劃—葉蘭芳

董 事 長—趙政岷
出 版 者—時報文化出版企業股份有限公司
108019台北市和平西路三段二四〇號三樓
發行專線／（02）2306-6842
讀者服務專線／0800-231-705、（02）2304-7103
讀者服務傳真／（02）2304-6858
郵撥／1934-4724時報文化出版公司
信箱／10899臺北華江橋郵局第99信箱
時報悅讀網—http://www.readingtimes.com.tw
法律顧問—理律法律事務所 陳長文律師、李念祖律師
印　　刷—紘億印刷有限公司
初版一刷—二〇一八年十月十九日
初版三刷—二〇二二年十一月十四日
定　　價—新台幣三二〇元
（缺頁或破損的書，請寄回更換）

鍛鍊心理肌力：15項心理練習,擺脫那些職場與人際間的控制、害怕、停滯、危機與焦慮 / 林萃芬著. -- 初版. -- 臺北市：時報文化, 2018.10
面；　公分

ISBN 978-957-13-7547-2(平裝)

1.職場成功法　2.人際關係

494.35　　107015496

ISBN 978-957-13-7547-2
Printed in Taiwan